U0111307

小跳豆 Jumping Bean STEAM
親子科學實驗 2
聲音、力、機械

新雅文化事業有限公司
www.sunya.com.hk

小跳豆 Jumping Bean STEAM 親子科學實驗 2

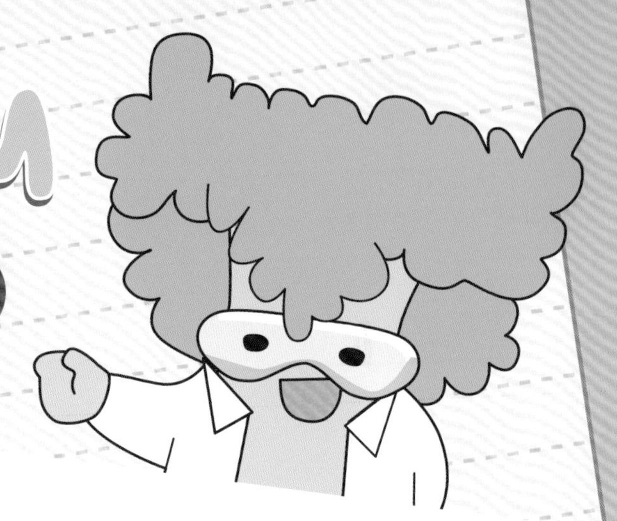

目錄

掃描觀看
全部影片

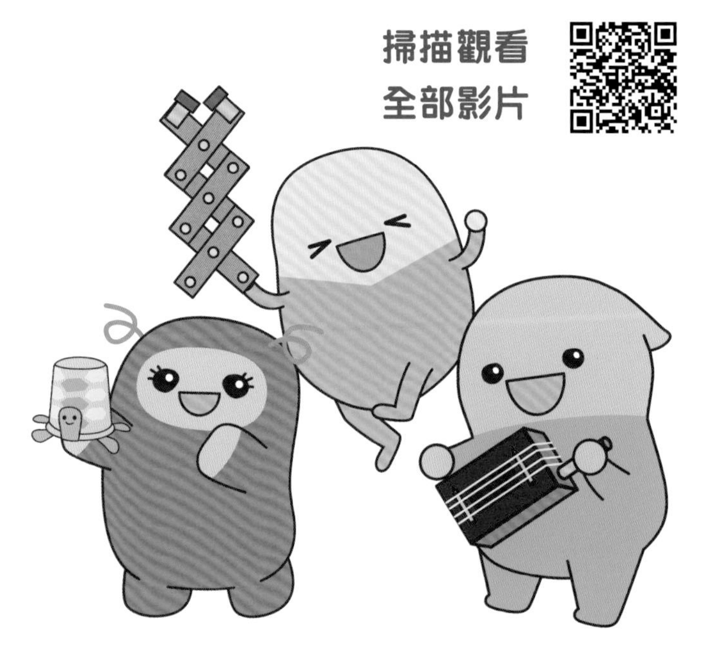

聲音的世界

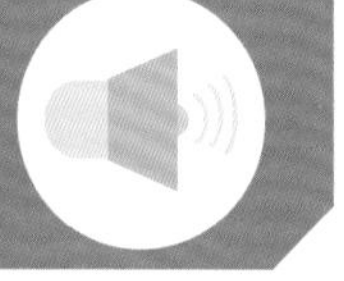

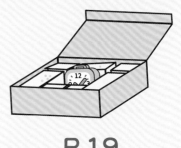

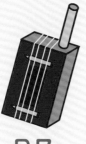

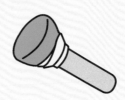

力的世界

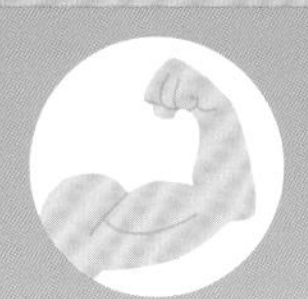

機械的世界

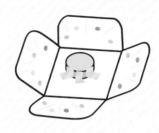

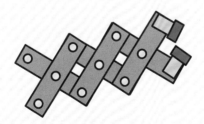

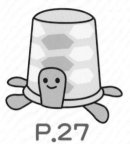

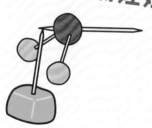

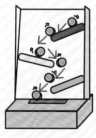

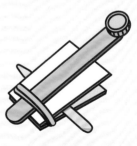

邊做邊學真好玩，STEAM遊樂場！

未來將會是創新科技的世界，近年世界各地政府都在積極推行 STEM 或STEAM 教育。而香港教育局為了保持香港的國際競爭力，亦在小學和中學課程中加入有系統的STEAM 教育，培養學生以下五種素養來解決難題：

S = Science（科學）：認識宇宙萬物的原理

T = Technology（科技）：善用科技產品

E = Engineering（工程）：動手動腦、解決問題

A = Art（藝術）：加入美感、人性化的設計

M = Mathematics（數學）：運用數字和計算

為了令幼兒更容易銜接小學的STEAM 課程，本社特別推出《小跳豆STEAM 親子科學實驗》系列，以小跳豆人物漫畫及有趣的科學實驗，培養幼兒求知的精神和動手動腦的STEAM 能力。

另外，「stem」也有樹幹的意思。所以我們選用了西蘭花這種跟樹幹最相似的有益蔬菜，設計成新角色「西蘭花博士」。西蘭花博士將會帶領大家走進STEAM 遊樂場，各位家長和小朋友，一起來「玩科學」吧！

新雅編輯室

本冊活動所需的材料和工具都是在家中常見的用品，操作容易，家長可以陪同子女一起製作和測試成品，在過程中也可以講解當中的科學原理，共度一個愉快的親子時間。

活動步驟說明

本書共有十個 STEAM 實驗活動，大家看過科學漫畫故事後，可按以下步驟製作有趣的小玩意，並從活動中學習不同的STEAM 能力啊！

T科技能力　E工程能力

搜集可循環再用的生活用品，用方便的材料製作。

S科學能力　M數學能力

進行初步測試和實驗，然後耐心量度，記錄結果。

E工程能力　A藝術能力

思考可以改善小玩意效能的地方，然後動手改造，並將外觀變得更美麗。

S科學能力　T科技能力

閱讀小玩意背後隱藏了什麼科學原理，了解相關的科技工具怎樣為生活帶來方便。

S科學能力　T科技能力

透過挑戰問題，延伸學習更多生活中的科學和科技常識。

可以用手機掃描各活動的QR code，直接觀看製作和測試的短片啊！

聲音的世界

木片琴、沙槌、牧童笛……由各種樂器傳出來的聲音好悅耳啊！大家有沒有想過，我們為什麼能夠聽到聲音呢？為什麼聲音有時大、有時小呢？大家一起來製作一些發聲小工具，探究一番吧！

製作難易度：☆

活動 1

紙盒結他

這個小結他真有趣，又容易製作，只需紙盒和橡皮筋就能完成。上面不同粗幼的橡皮筋被彈撥後，便會發出不同的聲音來。我們就利用它來傾力演奏吧！

環保樂器

聲音好悅耳。我也想表演樂器啊。

皮皮豆，但是你什麼樂器都沒有啊。

別這麼容易放棄，要製作樂器並非難事。
真的嗎？

我是西蘭花博士，最喜歡用簡單材料製作有趣的STEAM小玩意！

聲音是由物體振動產生的。我們用不同的物件製作各種環保樂器，發出聲音吧！
好呀！

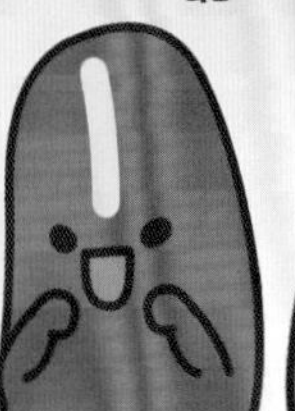

皮皮豆，這是用橡皮筋做的小結他。
好可愛！

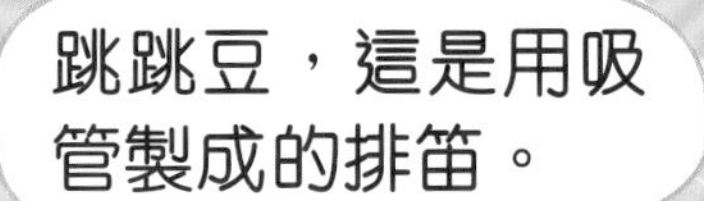
跳跳豆，這是用吸管製成的排笛。

好神奇！

火火豆，這是用氣球膠膜製成的小鼓。
好有型！

我們就來舉行一個環保樂器音樂會吧！

啊？

下雨了，快逃！
啊，大家等一下！
咚
其實下雨沒什麼可怕，雨聲也很悅耳啊！
咚
咚
咚
咚

一起製作紙盒結他吧！

掃描觀看製作
和實驗短片

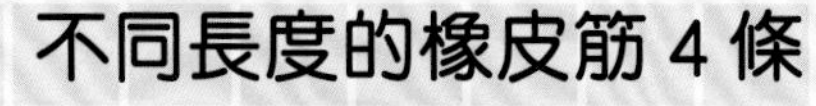

不同長度的橡皮筋 4 條

紙筒
（來自保鮮紙或衞生紙）

紙巾盒

短鉛筆 2 枝

剪刀

膠紙

步驟

① 把紙巾盒開口的膠膜剪去，並剪出較大的長方形。

② 把橡皮筋由長至短套入紙巾盒，並在兩端插入短鉛筆。

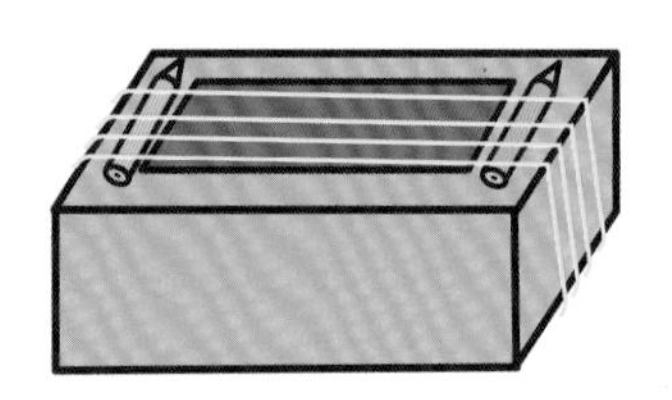

③ 在盒頂右方開洞，然後插入圓筒，並用膠紙固定。

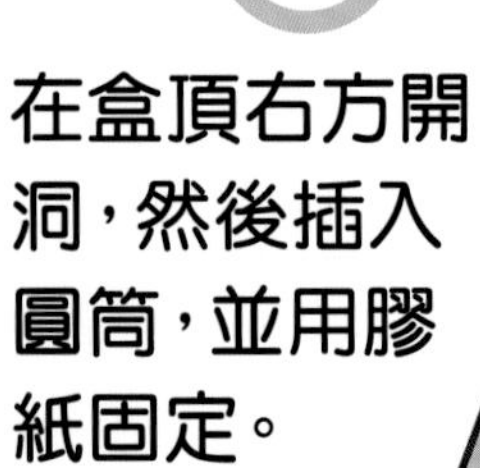

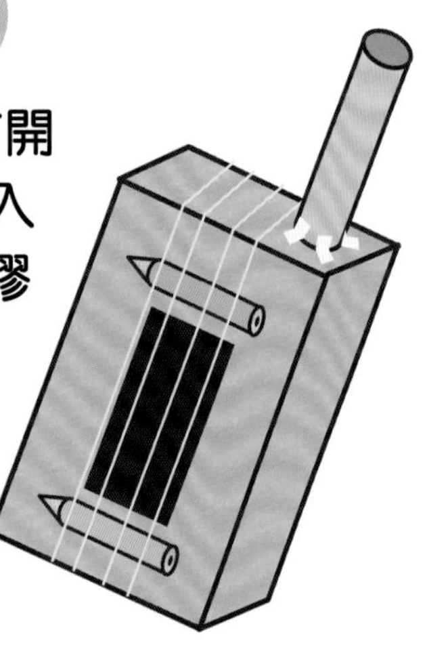

⚠ 小朋友，要小心處理橡皮筋，被彈中會很痛啊。

聽聽紙盒結他會發出什麼聲音？

① 撥動不同鬆緊的橡皮筋，聽聽它們發出的聲音有什麼分別？

② 上下移動其中一枝短鉛筆的位置後，撥動同一條橡皮筋，它發出的聲調會改變嗎？

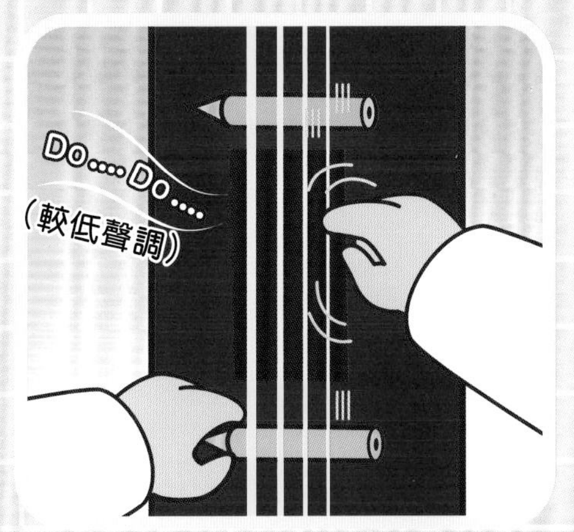

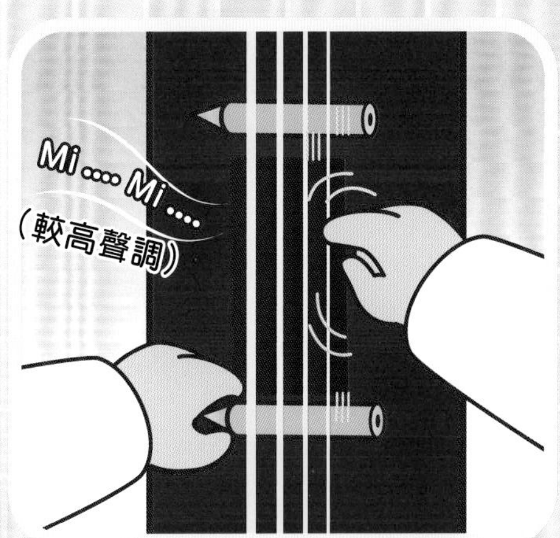

測試②中，把鉛筆的位置向上移，代表把橡皮筋的長度變短。

小改良 大改造

作品按以下改良後，就跟真實的結他更相似了！

① 把雪條棒貼在紙巾盒開口上（但是不要碰到橡皮筋），改變聲調時更方便。

把橡皮筋按在雪條棒上再撥動，就可以發出不同聲調。把次序記熟後，就可以彈出一首歌曲來了！

② 把繩子貼在紙盒背和圓筒上，就可把結他掛在身上了。

科學大解構

為什麼橡皮筋會發出不同的聲調？

聲音由物體的振動而產生，振動的幅度越大，發出的聲音越大；振動的頻率越高，聲調就越高。紙盒結他上的橡皮筋被撥動後會振動而發出聲音，它的鬆緊、長短程度等，也會影響聲調的高低。

橡皮筋拉扯得越緊，發出的聲調越高。

小問題考考你

「頻率」是一個特定時間內，事情重複出現的次數。單位「赫茲」(Hz) 代表事情在多少時間內的重複次數呢？

A. 1秒　　B. 1分鐘　　C. 1小時

測試結果及答案可參閱第25頁「答案欄」。

製作難易度：☆

活動 2

簡易聽診器

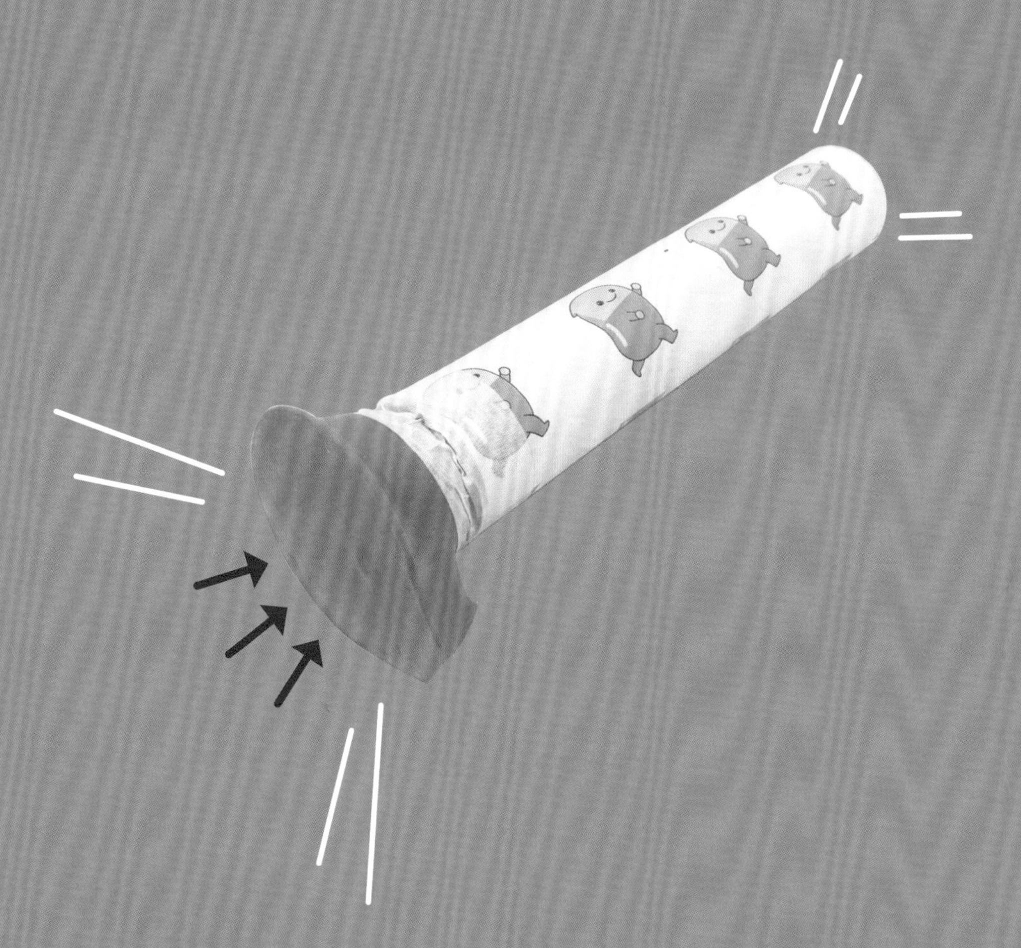

大家去看醫生時，一定有試過被醫生用一個管形的東西，來聆聽你身體發出的聲音了。這工具叫「聽診器」，你有想過醫生可以透過它來聽到什麼聲音嗎？大家就來製作一個簡易聽診器，探究一下吧！

生活科學漫畫
靜心細聽
同學們，健康科學講座要開始了。
健康科學講座
同學們早晨！
有請演講嘉賓——西蘭花醫生！
西蘭花博士怎麼變成了醫生？

同學們，英文doctor除了解作「醫生」之外，也有「博士」的意思。

對，我除了是科學家，其實也是一位醫生。

請問西蘭花醫生，你喜歡聽歌嗎？為什麼你帶着一個耳筒呢？

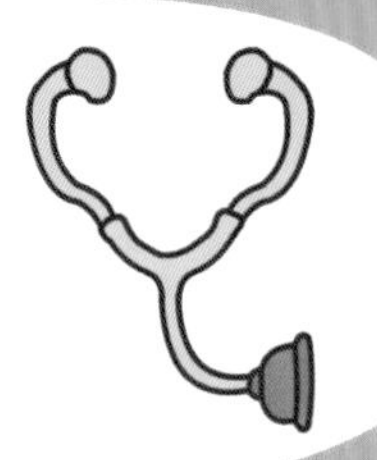

這個叫聽診器，不是用來聽歌，而是聽人體裏發出的聲音的。

聽人體裏的聲音？好有趣，我想玩！

我也要玩！

聽診器的原理簡單，我準備了氣球膠膜和紙筒材料，大家來自製吧！
真的嗎？

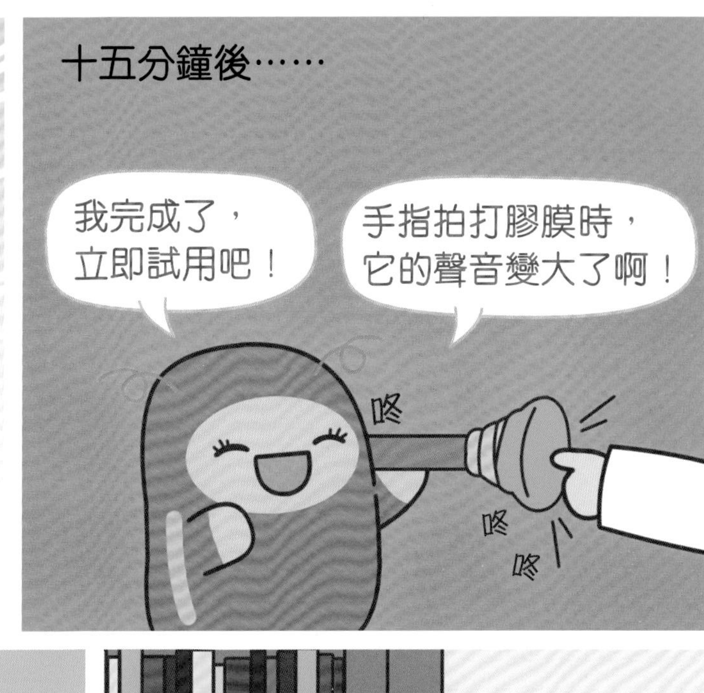
十五分鐘後……
我完成了，立即試用吧！
手指拍打膠膜時，它的聲音變大了啊！
咚
咚
咚

啊！我真的聽到火火豆的心跳聲！
噗通
噗通

如果把聽診器放在這個書架上，會聽到聲音嗎？

糖糖豆你好，我是圖書精靈！
啊！我聽到書架在跟我說話啊！

哼！原來火火豆在戲弄我！
糖糖豆，說話的不是書架，而是書架後面的火火豆啊。
火火豆你太頑皮了！
一起製作簡易聽診器吧！

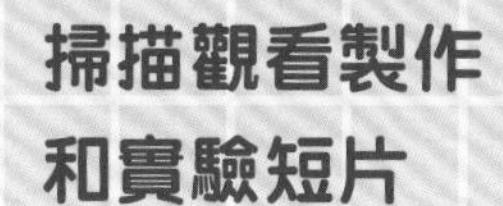

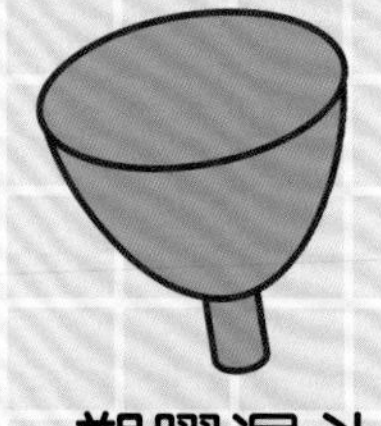

塑膠漏斗

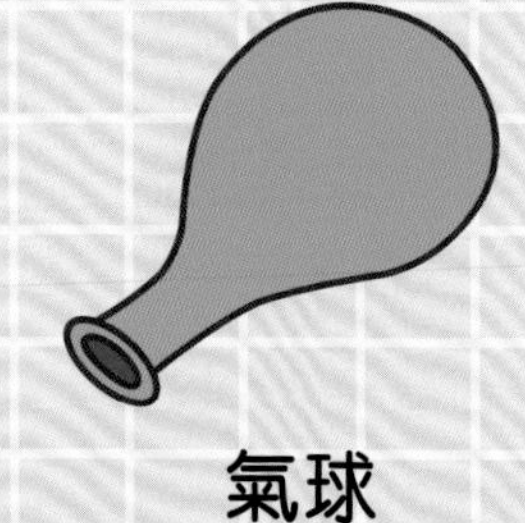

氣球

紙筒
（來自保鮮紙或衛生紙）

膠紙

剪刀

步驟

① 把氣球剪開一半。

② 把剪下的氣球套在漏斗的開口上。

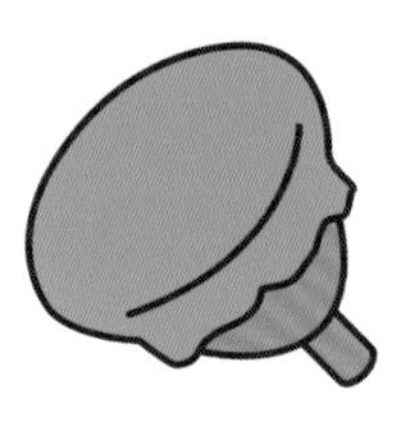

③ 把漏斗插入紙筒的一端，用膠紙穩固地貼好。

☆ 可以發揮創意，為紙筒加上裝飾。

透過簡易聽診器，你可以聽到什麼聲音呢？

① 把紙筒的一端貼近耳朵，用手指輕拍另一端的氣球膜，你聽到怎樣的聲音呢？

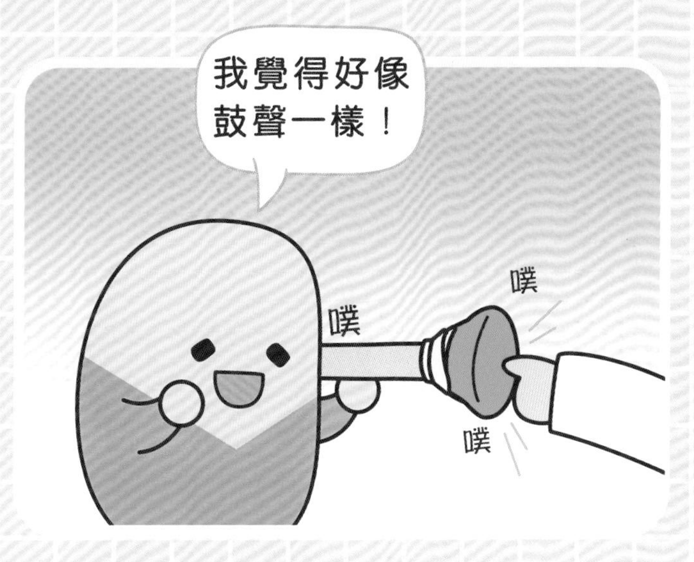

② 把氣球膜放到朋友胸口靠左的心臟位置，你聽到「噗噗、噗噗」的心跳聲嗎？

⚠ 不要把聽診器靠近音量大的東西（如正在響鬧的鬧鐘，或朋友大叫），以免弄傷耳膜！

你們試試先跳繩 1 分鐘再進行測試②，心跳聲會變快還是變慢呢？

小改良 大改造

怎樣可以令聽診器變得更方便易用呢？聽診器還可以用來聽什麼聲音呢？發揮創意想一想吧！

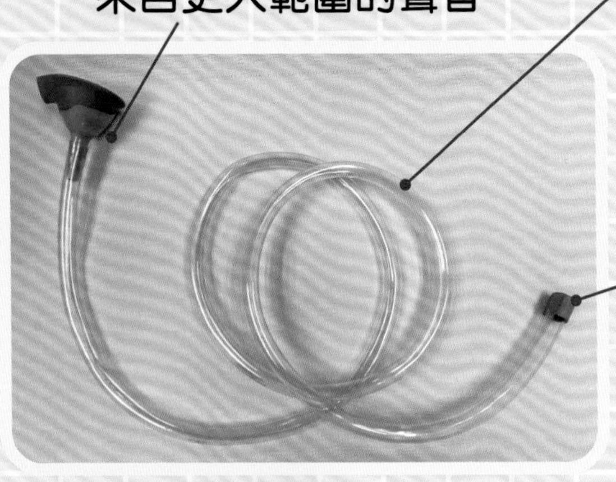

① 使用較大的漏斗，可收集來自更大範圍的聲音。

② 換上膠管，可變得更靈活，甚至可以用來聽自己的心跳聲啊！

③ 用來聆聽的一端用柔軟的物料包好，以免弄傷耳朵。

我們還可以聆聽由時鐘、電腦等機器發出的聲音啊！

科學大解構

為什麼聽診器可以令聲音音量變大？

聲音由物體振動形成，也要透過物體之間的互相振動來傳播出去。我們聽到的聲音，主要是透過空氣傳送到我們的耳朵，但其實液體和固體都可以傳送聲音，而且速度更快，效果更好。

聽診器就是透過固體和管道裏面密閉的空氣，把身體裏發出的微弱聲音集中起來，並傳到我們的耳朵，所以聽起來那麼清楚。

小問題考考你

醫生透過聽診器，會聽到病人從身體裏發出的什麼聲音呢？

測試結果及答案可參閱第25頁「答案欄」。

製作難易度：☆☆

活動 3

環保隔音盒

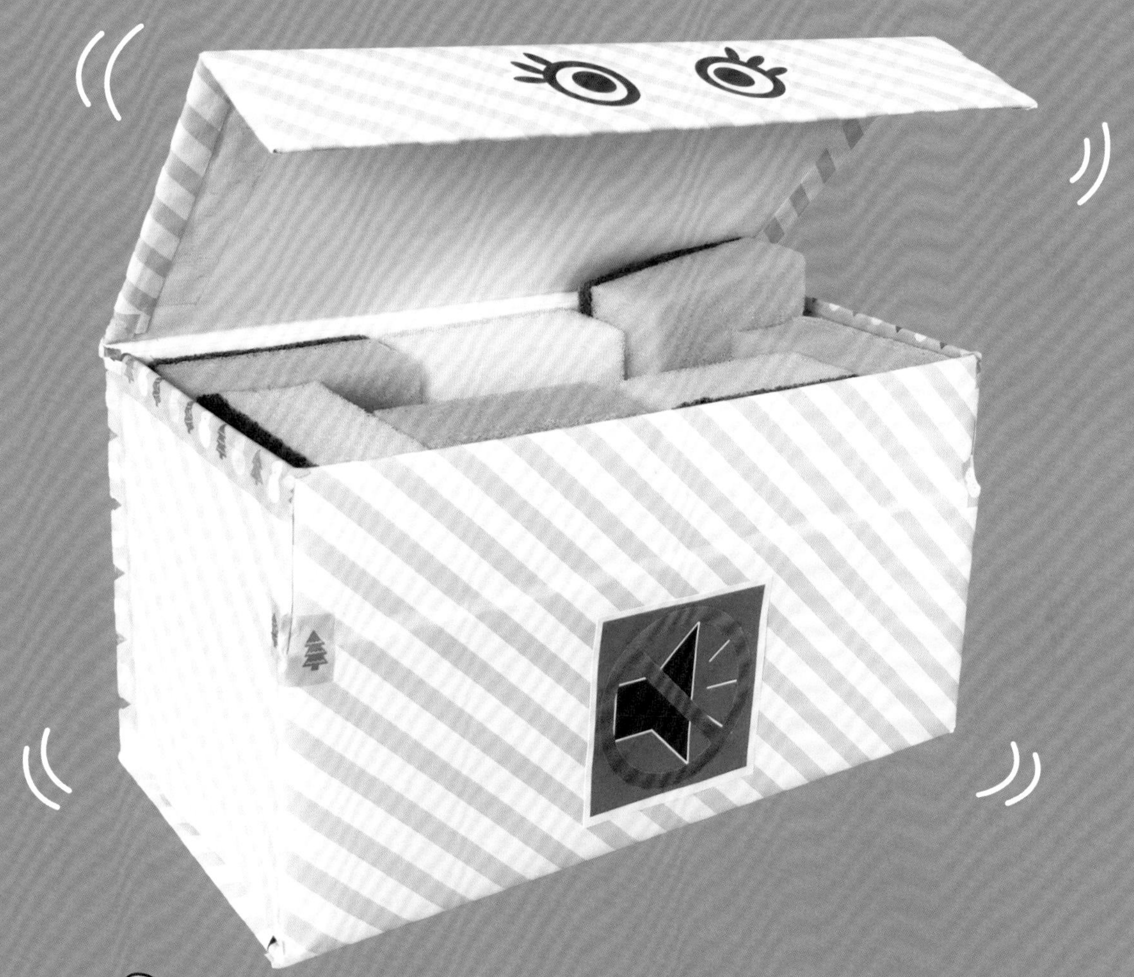

悅耳的聲音會讓人感覺很舒服，但是如果聲音太吵耳，就會令人很煩擾了。你們知道有什麼方法可以令聲音變小甚至消失嗎？我們就用一些環保物料來製作隔音盒吧！

生活科學漫畫
噪音消失了
胖胖豆早晨，你看來好疲倦啊。
對啊，我家太吵了，害我睡得不好。
有沒有辦法可以令所有噪音都消失呢？
唔……不如問問西蘭花博士吧？
你們找我就對了！我帶你們去參觀各種減低噪音的設施吧！
太好了！
我們會在接近住宅的馬路，以堅硬的物料建造隔音屏障，用來反彈汽車的噪音。
啊？
轟！
琴室的牆壁也鋪滿柔軟的吸音海綿，用來吸收室內的聲音。
啊？

我運用這些科學原理，改善了胖胖豆的睡房！
嘩！

胖胖豆睡房的牆壁貼了吸音海綿，牀的四周也加上了隔音板。

那麼就可以隔絕所有噪音了！

太好了！我可以安睡了！

第二天早晨——

胖胖豆早晨，怎麼你還是一臉疲倦和匆忙的？

那些隔音設施令我連媽媽叫醒我的聲音都聽不到。害我差點就遲到了！
唉……
一起製作環保隔音盒吧！

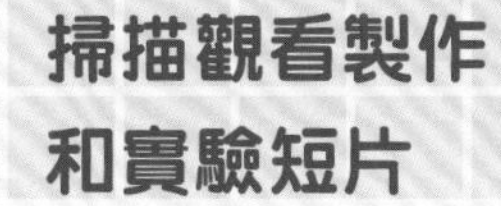

循環再用的隔音材料
（如卡紙、海綿）

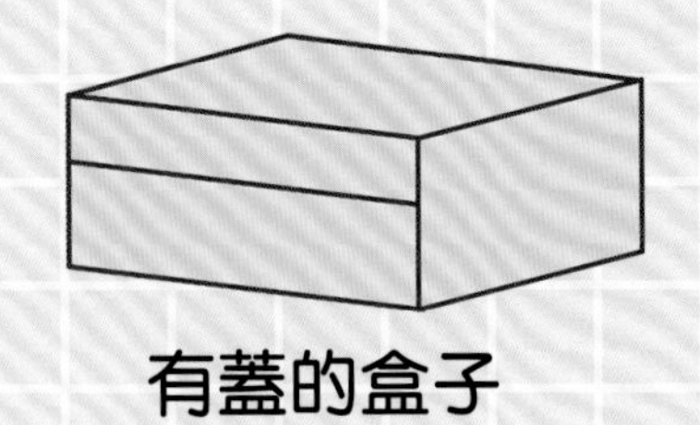

有蓋的盒子

鬧鐘

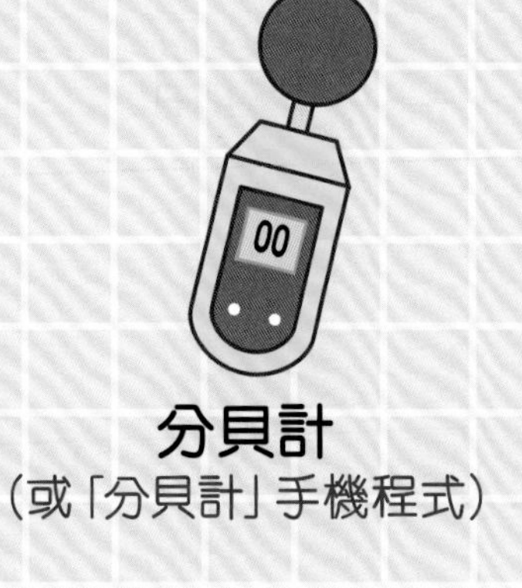

分貝計
（或「分貝計」手機程式）

步驟

① 把海綿剪至能密鋪盒子內壁的大小。

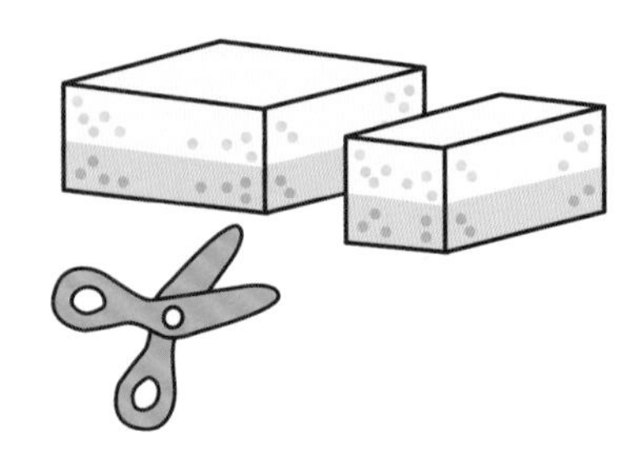

② 把海綿貼到盒子內壁，留下中央的空間。

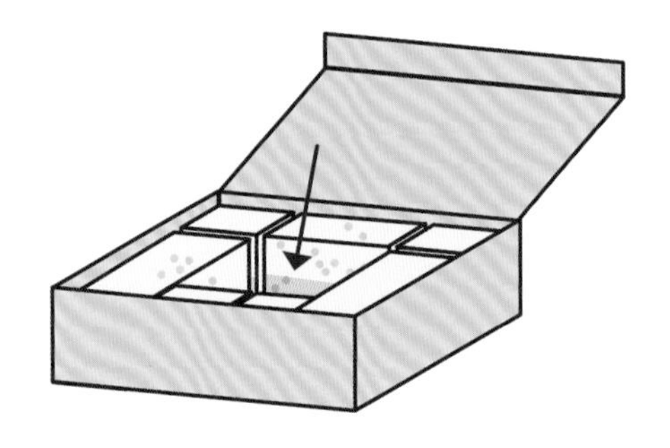

③ 把整個鬧鐘放進盒子裏，並完全合上蓋子。

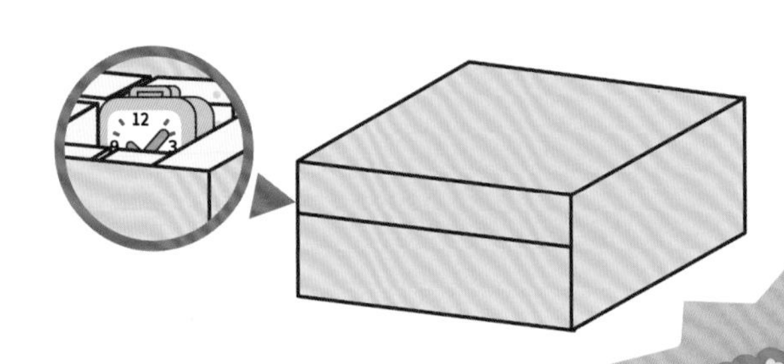

準備完成！

☆ 可以發揮創意，為盒子加上裝飾。

你的環保隔音盒，真的可以阻隔聲音嗎？

① 利用分貝計，分別量度寧靜環境及鬧鐘響鬧時的聲音。

② 把鬧鐘放入盒中並關上蓋，再量度聲音。

減少了 38 分貝！

小改良
大改造

我們來搜集各種物料，逐一鋪在環保隔音盒裏面，比較傳出來的聲音大小吧！

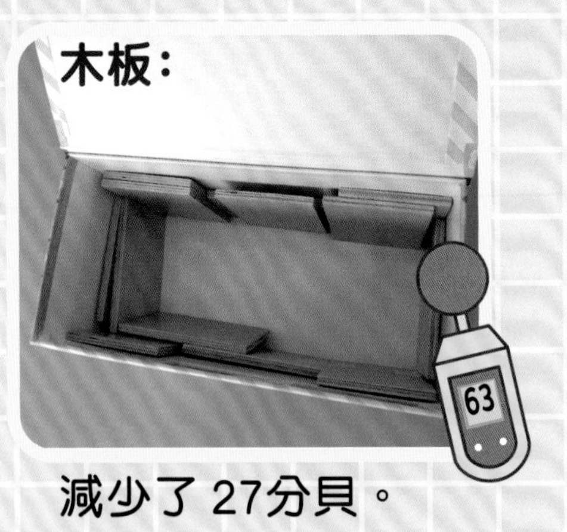

減少了 27分貝。

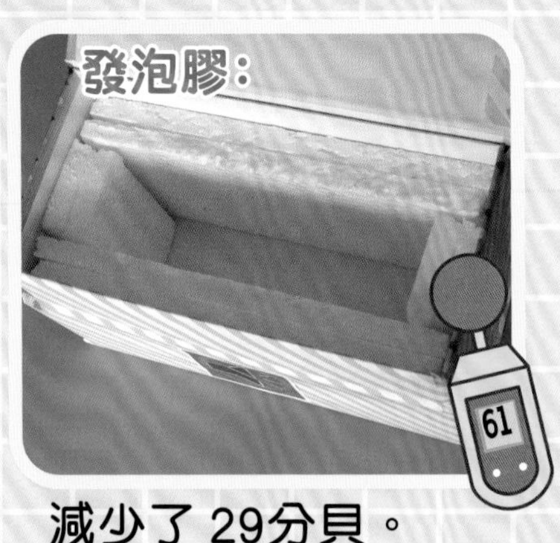

減少了 29分貝。

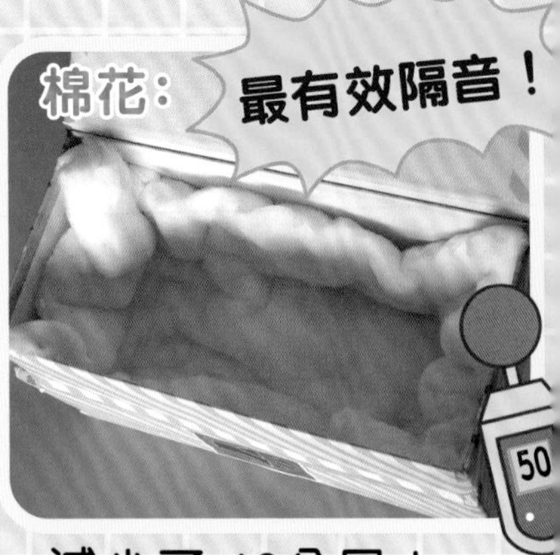

減少了 40分貝！

科學大解構

為什麼有些物料可以阻隔聲音呢？

分貝計是用來量度聲音強弱的，風吹落葉的微弱聲音約10分貝，若聲音超過55分貝，就會使人感到煩厭了。而聲音傳送時，會受到物料阻隔而減弱，所以人們會設計不同的隔音設施。

馬路旁的隔音屏障（左圖）採用堅硬物料，可以阻隔聲音傳出去；工地的隔音布（右圖）採用鬆軟物料來吸收聲音。

小問題考考你

還有哪些地方，人們會在牆壁鋪上吸音海綿呢？

測試結果及答案可參閱第25頁「答案欄」。

活動1　紙盒結他

測試結果

橡皮筋越幼，它振動時發出的聲音音調就越高；當短鉛筆的位置向上移，代表橡皮筋變短了，音調也會變高。相反，越粗、越長的橡皮筋，發出的聲音音調就越低。

小問題考考你

赫茲（Hz）代表事情在1秒內重複發生的次數。例如400Hz代表物件每秒重複振動400次。

活動2　簡易聽診器

測試結果

透過聽診器，氣球膜那一端傳來的聲音會變得更響亮。如果你在跳繩1分鐘後接受測試，因為心臟會在人們運動期間加速跳動，來傳送更多血液到全身，所以心跳聲聽起來會變快。

小問題考考你

醫生透過聽診器來聆聽病人的胸部、背部或腹部等，了解他們心臟、肺部、腸臟等有沒有發出不正常的聲響，判斷病人的情況。

活動3 環保隔音盒

測試結果

隔音盒是封閉的，盒身堅硬的材料，可以阻隔盒裏鬧鐘的聲音。盒裏如果放置了棉花等吸音材料，可以進一步減弱聲音。

小問題考考你

在日常生活中，一些琴室、音樂演奏廳、戲院、錄音室等地方的內牆，都鋪了吸音海綿，這樣既可以防止聲音傳到外面，更可以令室內減少回音反彈，令聲音變得更柔和。

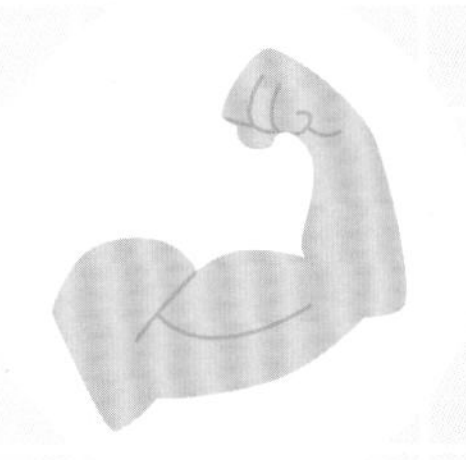

力的世界

你們知道嗎？拿東西、玩搖搖板、踢球……這些我們日常生活中經常做的事情，都是需要用力的。原來，連靜止不動的物體，當中也有力的存在啊！我們現在就花一點力，製作一些探究力的小工具吧！

製作難易度：☆☆

活動 4

回力小龜

大家有玩過回力車嗎？只要把車子拉後然後放手，它就會飛快前行，實在非常有趣。

原來，這麼神奇的玩意，只需簡單材料就可以製作，還可以化成各種動物的外形。大家現在就來自製一隻「回力小龜」吧！

生活科學漫畫

新龜兔賽跑

從前，有一隻兔子和烏龜賽跑。兔子一起步就飛快跑掉，烏龜只能慢慢在地上爬。

但驕傲的兔子中途在樹下休息，並睡着了。

烏龜堅持下去，最後超前了兔子，爬到終點勝出了！

這就是《龜兔賽跑》的故事了。
烏龜了不起！
兔子沒可能會輸吧？

不要爭吵了，我教你們用紙杯自製回力小龜和小兔，你們比試一下吧！
好呀！

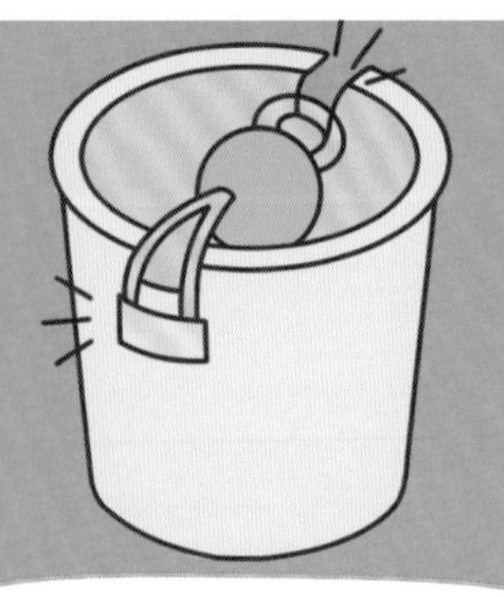

先把泥膠搓成球狀，然後扣在紙杯的底部。

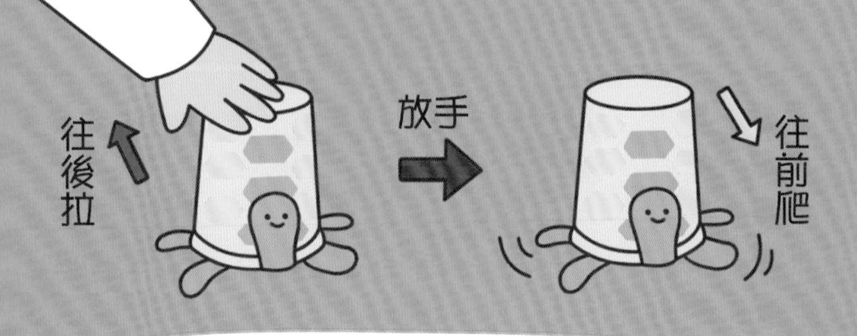

加上裝飾就完成。之後只要按住紙杯往後拉，然後放手，它就會向前爬行了！

你們分組製作，來個龜兔賽跑吧！
我和皮皮豆做小兔，我們不會輸的！
我和博士豆做小龜吧！
十五分鐘後……
我們的小兔這麼快，接下來的比賽贏定了！
但兔子不是這樣子走路的……
好，我已把小兔改良成蹦蹦跳了。
哇，火火豆你是天才啊！
比賽正式開始……
好，我倒數後你們就放手，讓它們向終點出發吧！
起點
終點
3、2、1！開始！
我們的小兔只懂得跳動，完全沒有前進啊！
太好了，烏龜再次贏到兔子了！
起點
終點
一起製作回力小龜吧！

掃描觀看製作
和實驗短片

紙杯

泥膠

膠紙

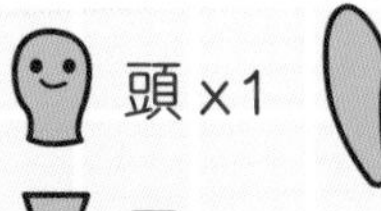

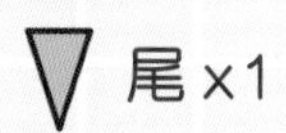

橡皮筋

剪刀

用手工紙剪出的配件

步驟

①

在紙杯兩端各剪兩條線，然後向上摺，做出兩個缺口。

②

把泥膠搓成球狀，把橡皮筋的中央嵌進泥膠中。

把橡皮筋的兩端拉長，扣在紙杯兩個缺口上，用膠紙貼好。

④

加上小龜的配件和裝飾。

看看回力小龜可以走多遠？

① 把小龜向後拉，然後放手，它會向前走多遠？

② 改用不同大小的泥膠球，前進距離有分別嗎？

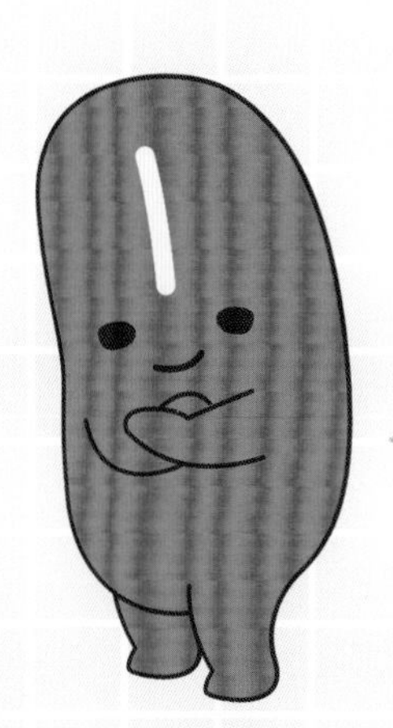

泥膠球的大小必須能夠觸碰地面，才可令小龜向前進。

小改良大改造

把回力小龜變身為回力小兔，連動作都改變！

① 用電池取代泥膠球。

② 把電池以逆時針轉動多圈，令橡皮筋纏繞。

③ 把紙杯倒轉放在桌上後放手，紙杯會蹦蹦跳！

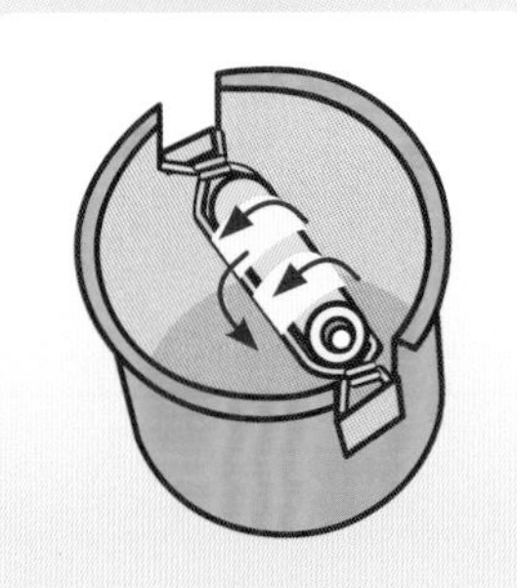

貼上裝飾，完成！

科學大解構

為什麼回力小龜開動前要先向後拉？

紙杯內的橡皮筋有彈性，把它向後不斷纏繞，便會累積能量。當一放手，橡皮筋就會回復原狀，從而帶動泥膠球向前滾動。

橡皮筋纏繞得越多，前進的動力就越大。

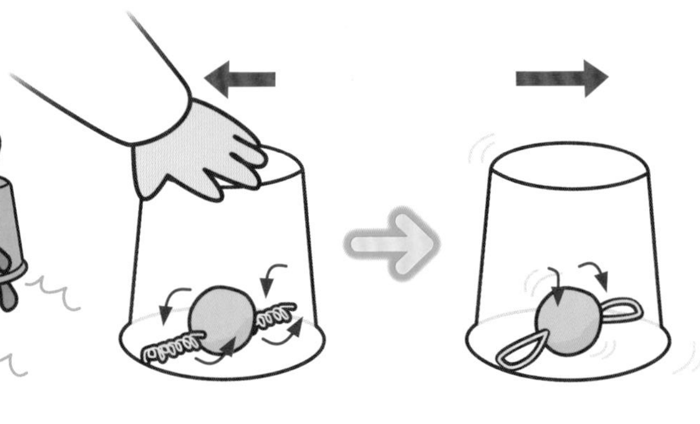

把泥膠球改為電池後，因為橡皮筋的擺動幅度加強，從而令紙杯跳動起來，就像兔子一樣。

小問題考考你

有什麼工具或玩具是利用類似橡皮筋的彈力來操作的呢？

測試結果及答案可參閱第51頁「答案欄」。

製作難易度：☆☆☆

活動 5

牛奶盒陀螺

你們喜歡玩陀螺嗎？陀螺這一種傳統玩意，其中蘊含了大量科學原理。

我們只要利用一些廢物，也可以製成一個簡單的陀螺。我們就來親手製作自己的環保高速陀螺吧！

生活科學漫畫

陀螺團團轉

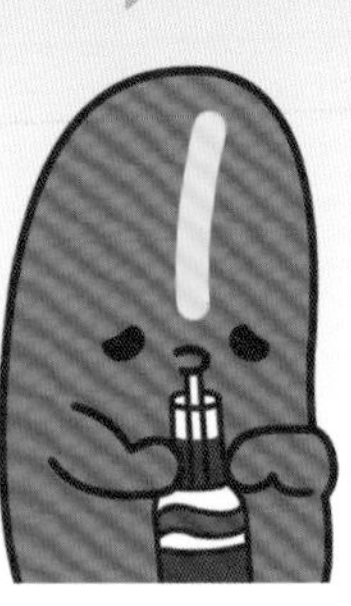

我好想買這些超級陀螺，不過零用錢早已花光了。

陀螺不是正正在你們的手上嗎？
這些只是牛奶盒和汽水瓶啊。

陀螺是一種傳統玩具。我們只要製作一個重物，令它可以圍繞幼小的軸心平衡地轉動，那就是陀螺了！

你們手上的東西，全部都是有用的材料啊。我們就來自製陀螺吧！
好呀！

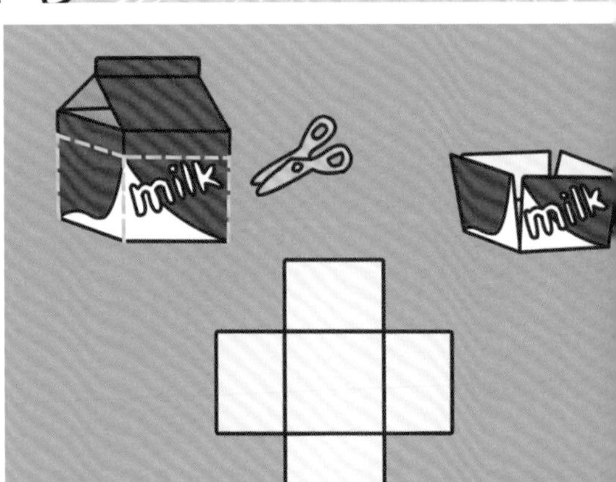

milk
milk
首先，把牛奶盒的底部剪出來，然後攤開。

在頂部和底部的正中央，分別貼上一個瓶蓋。

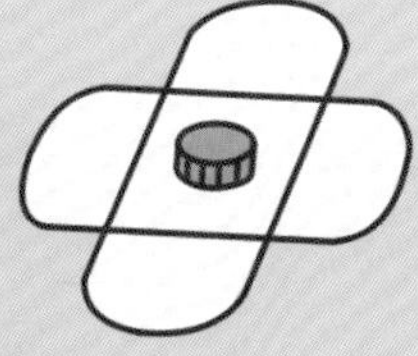
頂部瓶蓋：
陀螺柄

milk
底部瓶蓋：
陀螺轉軸

握着頂部的瓶蓋用力一轉，牛奶盒陀螺就會轉個不停了！
好厲害啊！
呼～
我們來製作一個更厲害的陀螺吧！

過豆豆們的製作與改良後……

我在陀螺底加上尖的軸心，令它轉得較持久！

我的陀螺較你們的長，轉起來較平穩！

我在陀螺上塗了紅色和黃色圖案，陀螺轉動時，兩種顏色混合成橙色了！
有創意！

哈哈豆，你又想到什麼呢？

我……看着陀螺旋轉，看得太久，現在好頭暈眼花啊……
嘩！

一起製作牛奶盒陀螺吧！

掃描觀看製作
和實驗短片

材料

牛奶盒

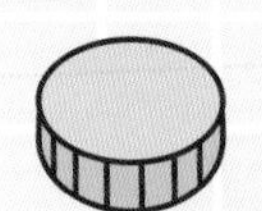

樽蓋 2 個

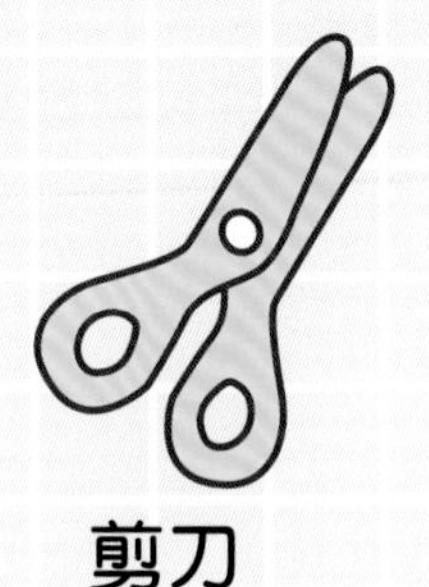

剪刀

膠紙

⚠ 製作前要先把牛奶盒洗乾淨啊。

步驟

① 把牛奶盒底部按圖示剪下來，並沿虛線剪開。

② 把盒底攤開，然後將四邊剪成圓角。

③ 把 2 個樽蓋分別貼在頂部和底部的正中央。

看看你的牛奶盒陀螺可以轉動多久？

① 握着頂部的樽蓋用力一轉，陀螺會轉動多久呢？

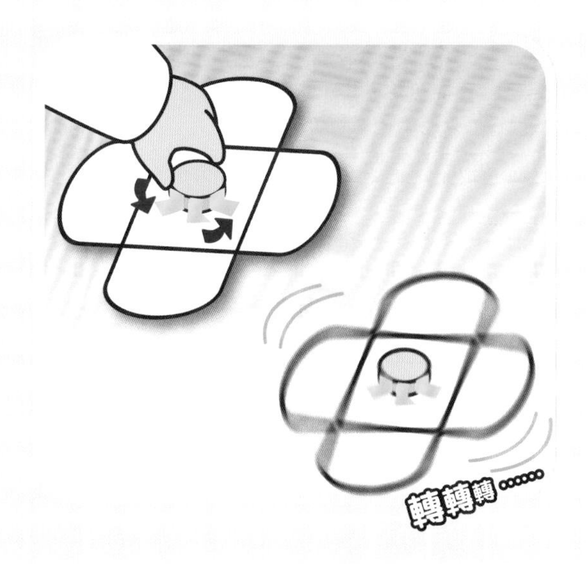

② 試試把四邊剪成不同長度，它們的轉動時間有分別嗎？

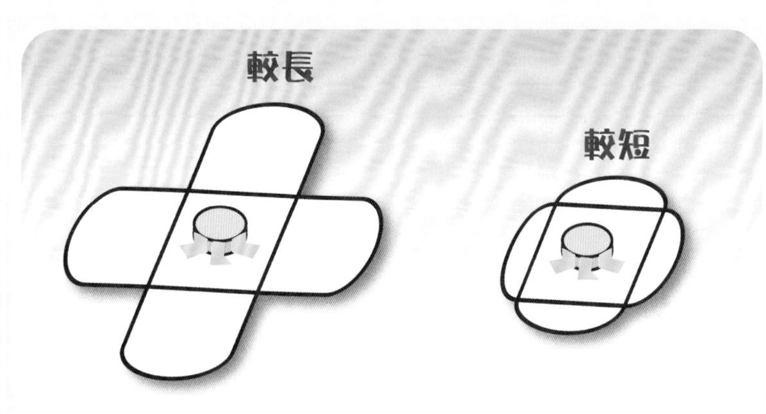

③ 在陀螺的頂部用不同顏色繪畫圖案，觀察陀螺轉動時，圖案會混合成什麼顏色？

小改良 大改造

一起來想想，可以怎樣令陀螺轉得更暢順吧！

① 在頂部貼上多個樽蓋，加重重量，令它轉得較穩定。

② 在底部用泥膠附上原子筆頭，令它轉得較持久。

科學大解構

怎樣可以令陀螺轉得更久呢？

如果我們給予的力量足夠大，令陀螺轉動的速度夠快，理論上陀螺在慣性下會持續旋轉。

但實際上，陀螺底部與地面之間有摩擦力，周圍的空氣亦會產生阻力，令陀螺漸漸轉慢，最後停下來。

如果要令陀螺轉得更久，就要考慮以下眾多因素：

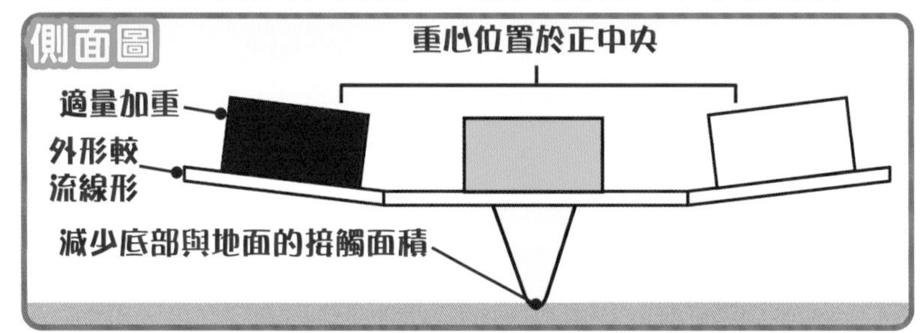

小問題考考你

我們只是用手來令牛奶盒陀螺轉動的。那麼傳統的陀螺，會透過什麼工具來旋轉呢？

測試結果及答案可參閱第51頁「答案欄」。

製作難易度：☆☆

活動 6

紙橋

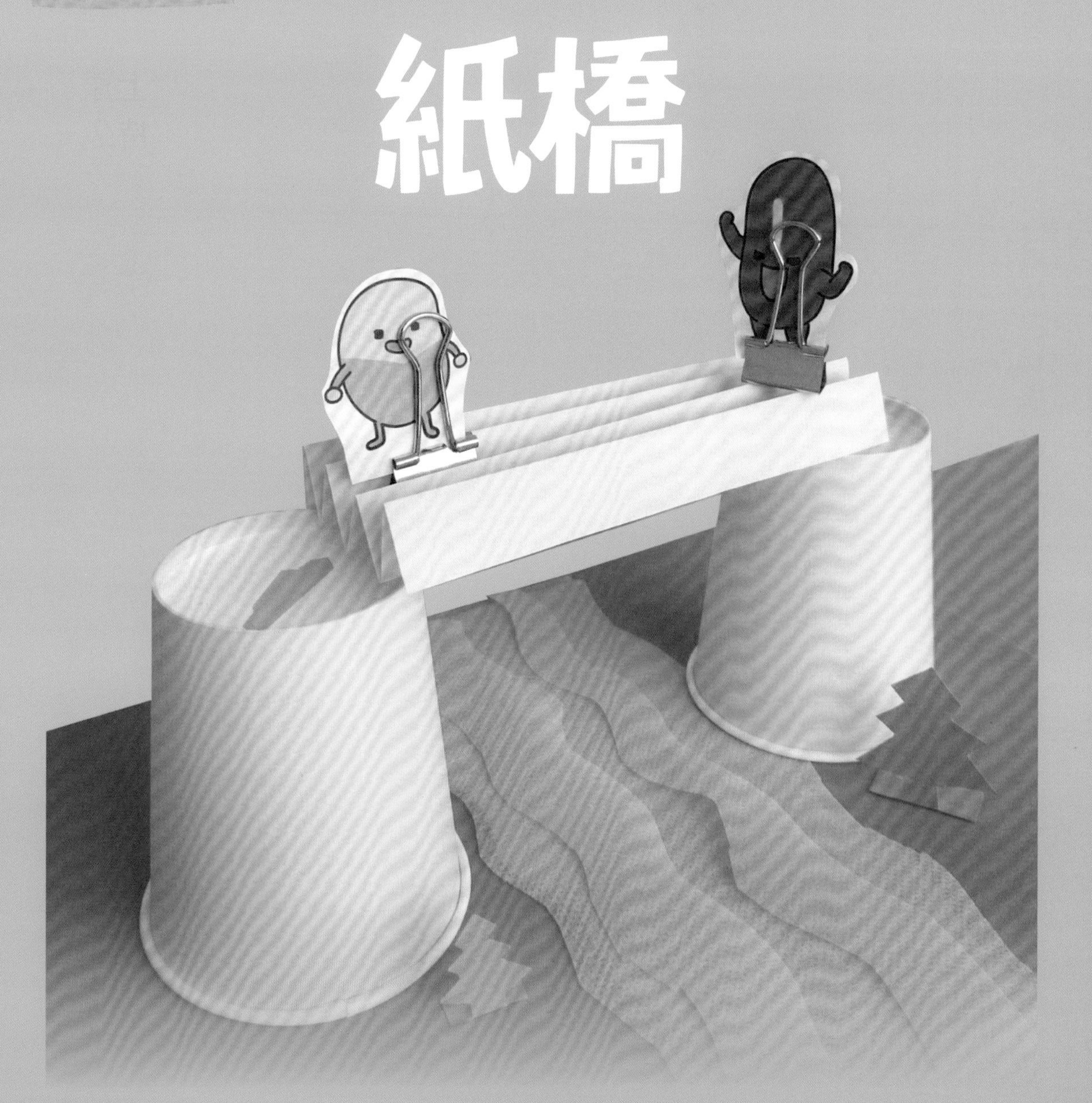

大家外出時，都會利用天橋越過馬路，也會經過橋樑走到河流的對岸。你們有沒有想過，為什麼橋樑可以承載我們，而不會塌下來嗎？你們又相信使用一張紙，也可以做出一條穩固的紙橋嗎？

從前，有一班愛冒險的少年……
我們是豆豆探險隊～
最喜歡四處探險～

木橋被之前的大雨沖毀了，我們無法過河啊！
難道連老天爺都不喜歡我們？

少年們，別太早就放棄啊！
你是誰？

我是西蘭花紙品店的老闆，你們遇上我，運氣太好了！

紙品店？老闆你的紙皮這麼脆弱，怎樣幫我們呀？

誰說紙是脆弱的？

紙有很多種類，厚度和硬度都不同。最結實的紙，連人也可以承載啊！
真的嗎？

一小時後……
我用紙皮製作了這道紙橋，讓你們安全過河吧！
太好了！馬上上去試試吧！
這條紙橋真的安全嗎……
我們上橋後，紙橋都沒有倒塌啊！
成功了！
嘩！
哈哈豆，危險呀！
哎呀！
大家冷靜！我的紙皮是很可靠的！
救我呀！
你們看！我摺的巨大紙船也可以載人啊！
太好了！
老闆，謝謝你。
但是，為什麼老闆不是一開始就摺出巨大紙船來載我們過河呢？
一起製作紙橋吧！

掃描觀看製作
和實驗短片

紙杯2個

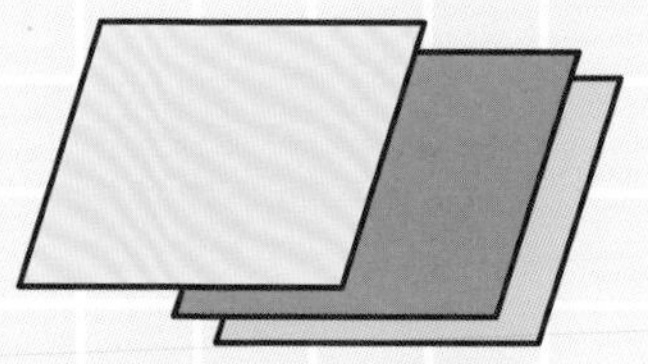

手工紙 10張

膠紙

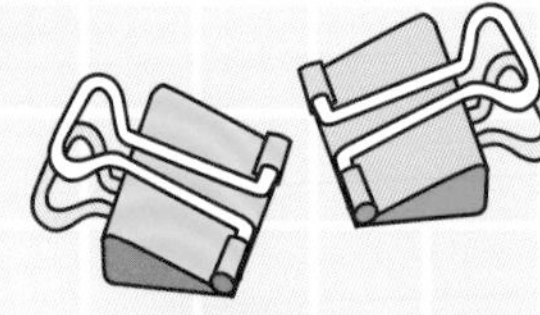

小夾子 10個

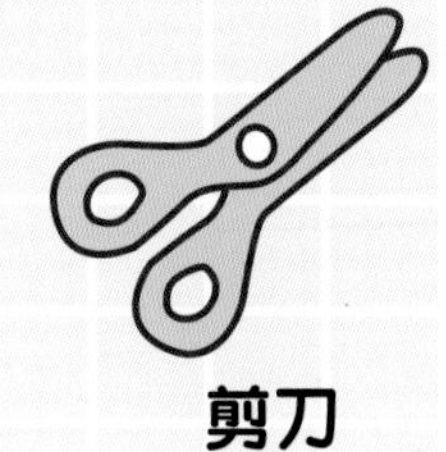

剪刀

步驟

準備多個可以直立的小夾子。

可以裝飾成小人偶。

把 2 個紙杯倒轉擺放，成為橋墩。

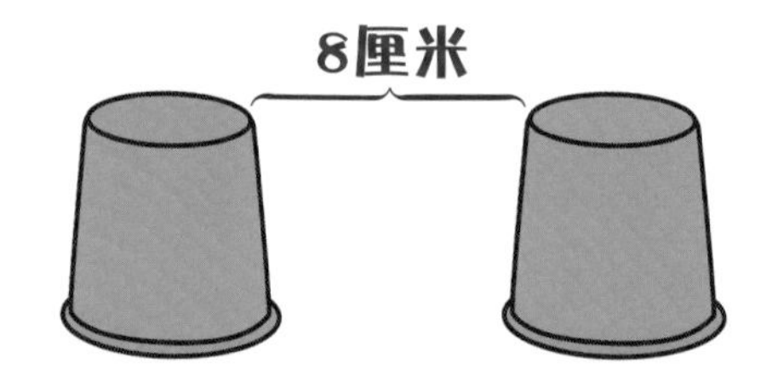

先把 1 張手工紙放在紙杯之間。

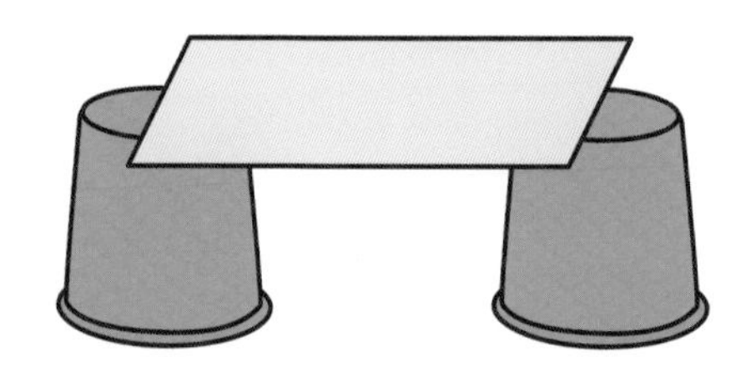

☆ 可發揮創意，用卡紙在橋底製作河流、草地等背景。

你的紙橋可以放上多少個小夾子呢？

① 先把小夾子放在手工紙上，紙橋應會馬上倒塌下來……

② 把手工紙的兩旁摺成直角，再放上小夾子，紙橋有塌下嗎？

③ 把手工紙摺疊成三角波浪形，它可以承載更多小夾子嗎？

小改良大改造

我們用一張手工紙來設計紙橋，看看怎樣改變它的形狀，能令它變得最堅固，能承載最多的小夾子吧！

① 將紙捲成圓拱形，雖然上面的小夾子看似搖搖欲墜，但紙橋沒有倒塌。

② 把一張紙剪開，砌成橋墩、橋面、斜路各部分，外表既美觀，支撐力也更強啊。

科學大解構

為什麼手工紙摺疊後會變堅固了？

紙張沒有摺疊時，中央較柔軟，所以一放上重物就會立即彎曲和翻倒。

把兩旁摺疊後，摺疊位置就會變得強韌，加強了中央部分的強度，可承受較大的重量。當把整張紙摺疊成三角波浪形，可令整體變得更堅固。

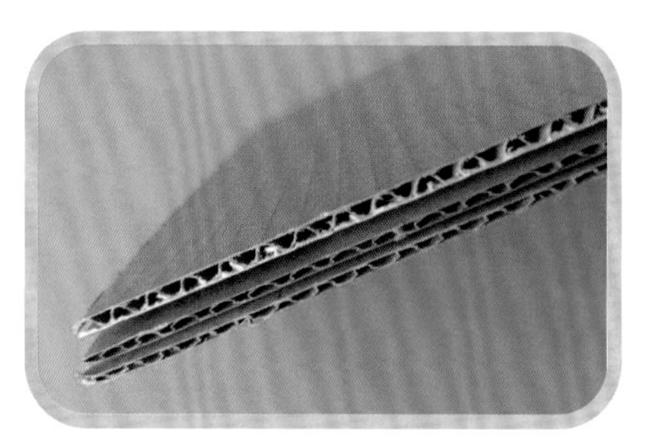

紙皮和瓦通紙的紙芯也是波浪形的，這樣會加強承托力，還可以保護紙箱裏面的物品啊！

小問題考考你

試觀察一下街上的各種天橋，或跨河、跨海的大橋樑。它們的形態有什麼不同呢？

測試結果及答案可參閱第51頁「答案欄」。

製作難易度：☆☆☆

活動 7

平衡娃娃

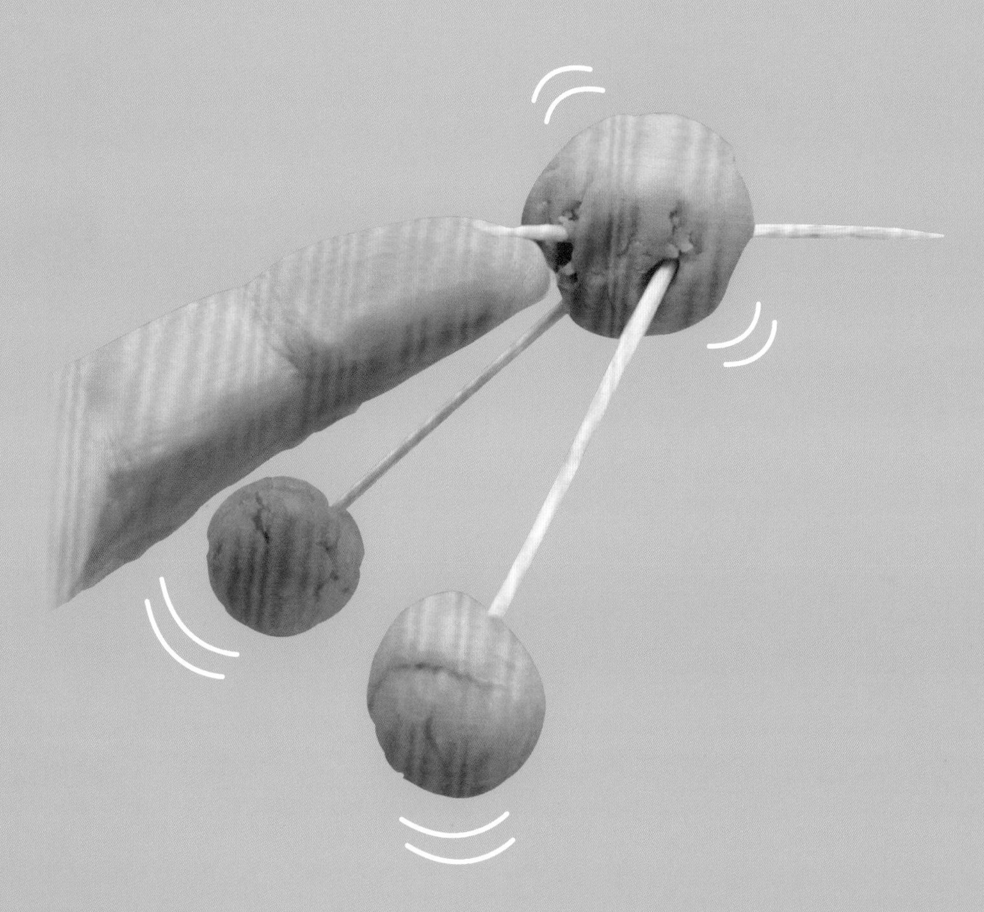

大家在公園玩過平衡木嗎？大家知道怎樣才可以在木條上面穩定地步行，而不會掉下來嗎？我們就試試用簡單物料製作一個會自動取得平衡的娃娃，看看平衡的秘訣是什麼吧！

平衡訓練班

加油啊！
小紅豆！

我做不到！我害怕從平衡木上掉下來！

好玩啊！
你看，同學們已經在挑戰更高難度了。
但我真的不懂如何平衡嘛！

想學好平衡？我來幫你吧！
西蘭花博士？你連體育活動也會嗎？

哈哈，你們看看我這個用泥膠和牙籤製作的平衡娃娃吧！

我只用一根指頭做支撐，平衡娃娃就不會掉下來！
真神奇！為什麼會這樣的？

平衡的秘訣不外乎重心的原理。小紅豆你來跟我學習吧！
知道！

平衡訓練，開始吧！

實踐訓練課——
透過單腳站立、訓練你的腳部肌肉，強化平衡能力！
知道！

科學理論課——

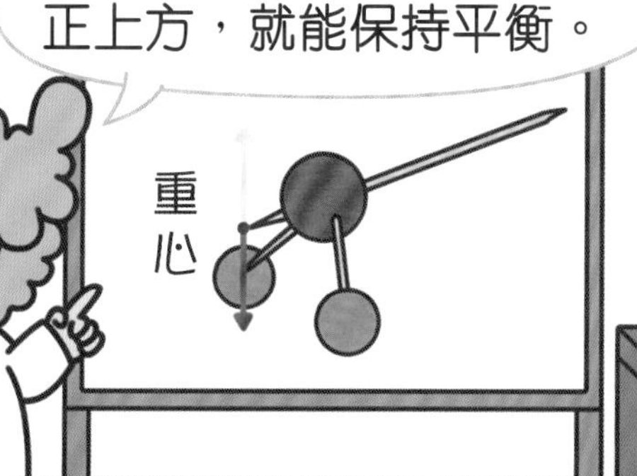
你也要明白重心的原理。只要重心維持在支撐點的正上方，就能保持平衡。
重心

原來如此，我明白了！

一星期後，公園——
我準備好了！

跳——

成功取得平衡啊！
小紅豆，你成為真正的平衡娃娃了！
了不起！
多謝各位！

一起製作平衡娃娃吧！

動手做

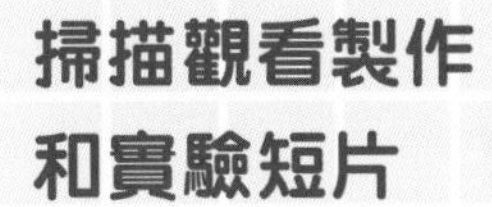
掃描觀看製作
和實驗短片

材料

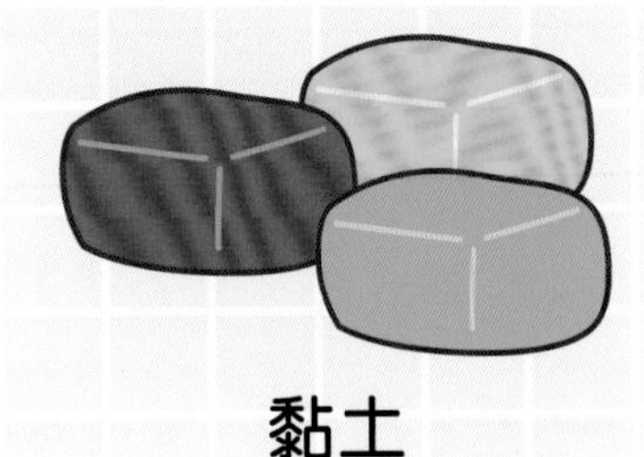

黏土

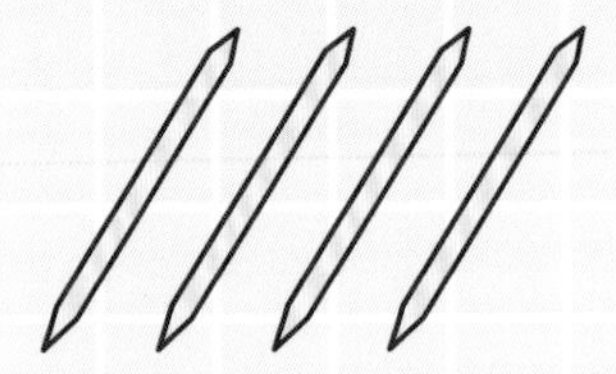

牙簽（最少4枝）

步驟

1

把黏土搓成3個球。

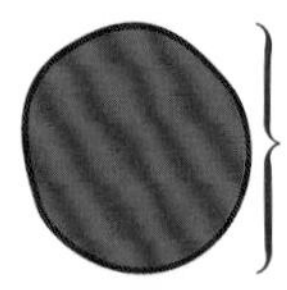

其中 1 個較大。約 2 厘米

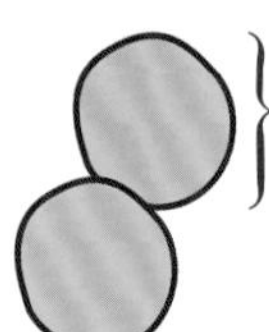

其餘 2 個較小。約 1.5 厘米

2

在3個黏土球上，各插上1枝牙簽。

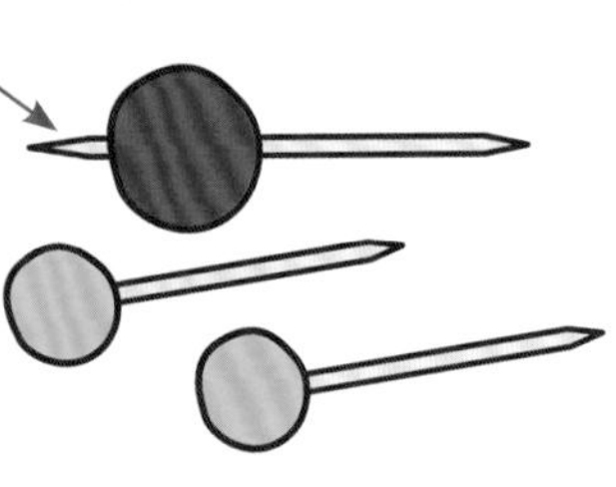
較大的球，牙簽的尖端要稍稍露出。

3

用黏土搓出較闊的底座。在上面垂直插上1枝牙簽。

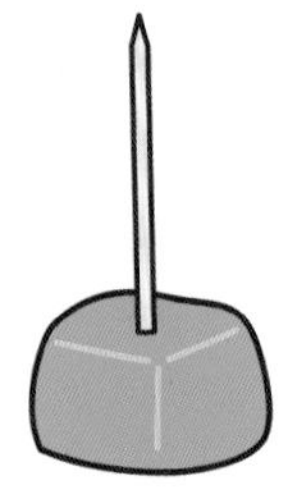

4

在大黏土球的前方插入2個小黏土球，3枝牙簽呈Y字形。

完成！

你的平衡娃娃能不能保持平衡呢？

① 把平衡娃娃的前端放在指尖或柱體上，看看它能否支撐得住。

如它掉下來，可試把兩個小球插在更前的位置。

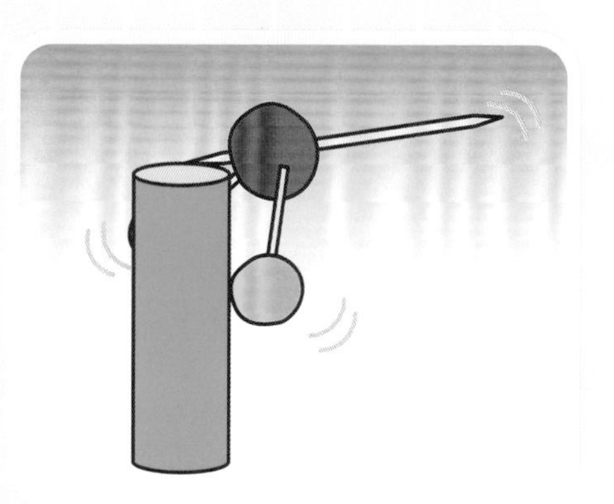

⚠ 如果底座不夠穩固，會無法支撐起平衡娃娃。

② 成功平衡後，把平衡娃娃放置在底座的牙簽上，它會搖搖擺擺但不會掉下來。

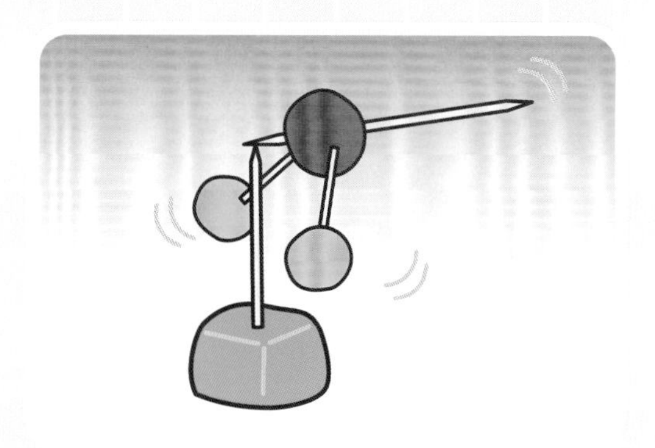

③ 用手指輕輕觸碰平衡娃娃兩旁的泥膠或尾部，它能保持平衡嗎？

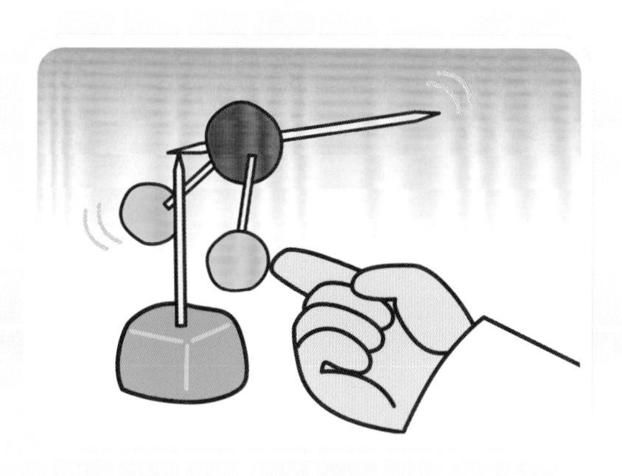

小改良 大改造

我們使用其他材料，製作不同外形的平衡娃娃吧！

① 用幼鋁線捆着木條及兩顆螺絲，我們可以更容易調校重心位置，讓它取得平衡。

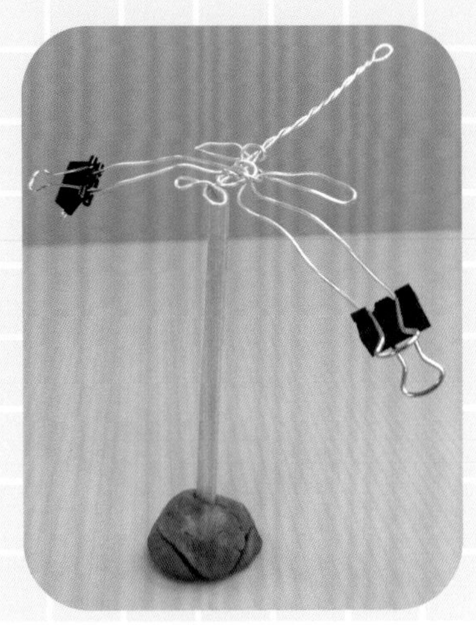

② 把幼鋁線扭成蜻蜓的形狀，在翅膀兩端各夾上一個夾。這樣只要支撐頭部，就可保持平衡。

科學大解構

為什麼平衡娃娃不會掉下來呢？

重心即是物體重量的集中點，只要重心的下方有支撐點，物體就能夠穩定地站着。

平衡娃娃中的大黏土球，重心本來在球的正中心，但因為球的前方插了兩個小球，所以令重心移前，正好是牙籤的尖端的垂直位置。

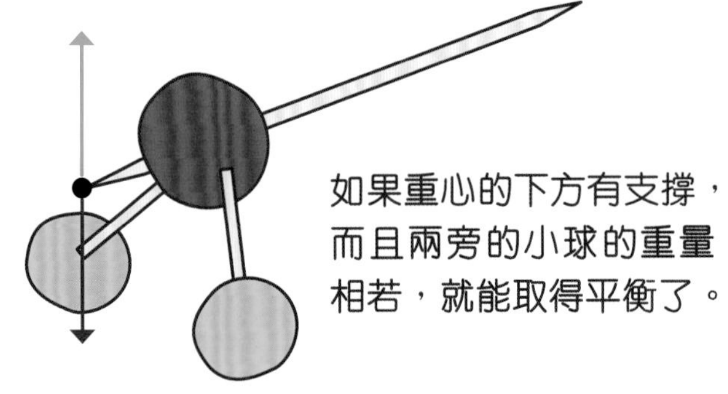

如果重心的下方有支撐，而且兩旁的小球的重量相若，就能取得平衡了。

小問題考考你

平衡與重心有很密切的關係，我們如果想在平衡木上不掉下來，做出什麼動作較有幫助呢？

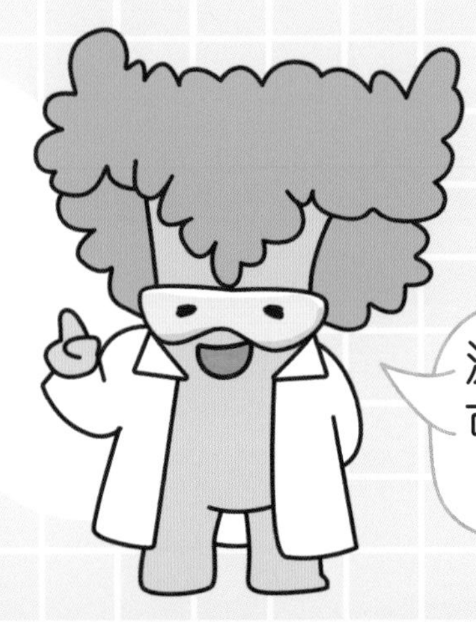

測試結果及答案可參閱第51頁「答案欄」。

活動4 回力小龜

測試結果

泥膠球直徑越長，滾動時會令回力小龜前進得越遠。但是如果球太大，卻會令小龜太重而無法前進。

小問題考考你

橡皮筋和彈簧被拉動並彈回原位時，就會釋放動能，驅使物體移動。玩具及工具的例子包括彈弓、投石器、彈牀等。

活動5 牛奶盒陀螺

測試結果

陀螺頂部較長時，轉動速度較慢而時間會較久；但如果頂部太長，就會太重而轉不動。陀螺轉動時，頂部圖案的顏色會混合起來，例如紅色和黃色會混合成橙色。

小問題考考你

傳統陀螺的玩法，是人們先用繩子在陀螺上面繞圈，然後把繩子快速向後一抽，令它旋轉。

活動6 紙橋

測試結果

手工紙經摺疊後，會變得強韌，而且三角形是結構較穩固的形狀。

小問題考考你

香港除了行人天橋外，也有跨河的拱橋（如沙田瀝源橋）、跨越大海的斜拉橋（如汀九橋）和懸索橋（如青馬大橋）等。

活動7 平衡娃娃

測試結果

只要把平衡娃娃的重心點和支撐點保持垂直，即使一方傾斜了，另一方也會自動轉回原來位置，以保持平衡。

小問題考考你

我們玩平衡木時，可以稍為屈曲膝頭令重心降低，打橫伸開雙手防止身體傾側，就會較容易取得平衡。

機械的世界

人們日常會應用斜面、槓桿等機械工具，令工作更省力、更方便。科技已經融入生活，也許有一天，機械人會成為我們的好幫手啊。我們先來製造一些簡單的機械，學習當一個小小機械工程師吧！

製作難易度：☆☆

活動 8

斜坡錢箱

我們出外時，常常會走在斜路上；在公園遊玩時，也喜歡溜滑梯。

大家有想過，這些斜面可以幫助我們工作嗎？就來製作一個斜坡錢箱來探究一下吧！

生活科學漫畫

滾動的硬幣

物件都會向下墜，所以我把硬幣放在傾斜的雪條棒上時，它就會向下滑。

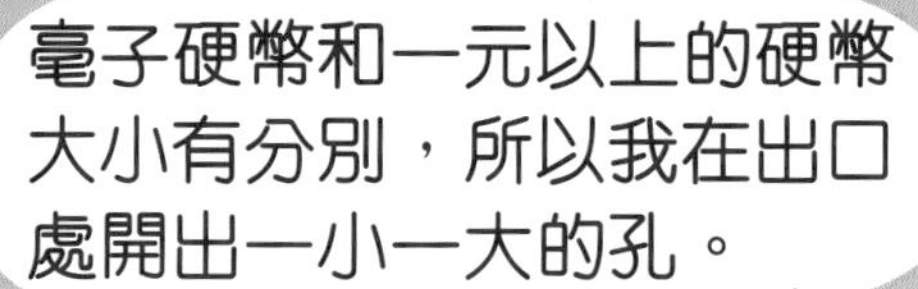
毫子硬幣和一元以上的硬幣大小有分別，所以我在出口處開出一小一大的孔。

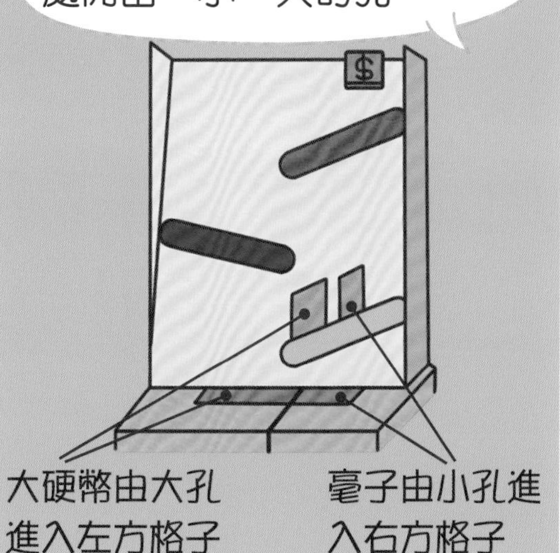
大硬幣由大孔進入左方格子
毫子由小孔進入右方格子

了不起啊！
我們立即試用吧！

太方便了！
這錢箱真的可以把毫子自動分類出來！
我把這個錢箱留給你們使用吧。

十分鐘後……
雖然這錢箱很方便，但硬幣實在太多了。
好疲倦啊……

皮皮豆你們怎麼了！

怎麼你們整理硬幣也會睡着了？
我聽到……好多硬幣聲音……
我夢見……斜坡上滾下好多硬幣……
一起製作斜坡錢箱吧！

掃描觀看製作
和實驗短片

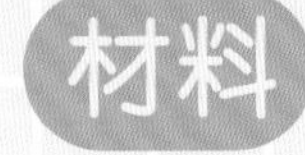

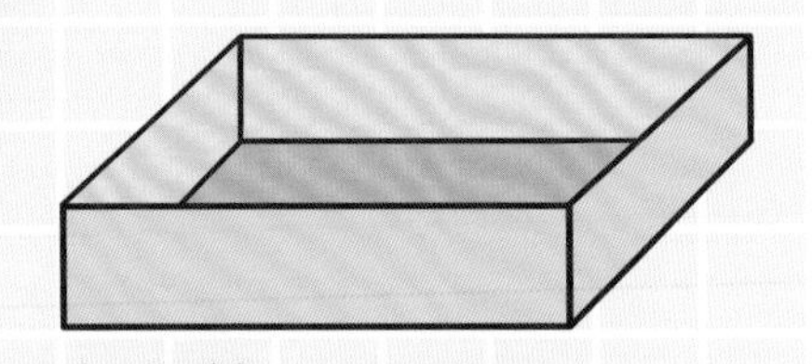

紙皮盒蓋（約30厘米 x 25厘米）

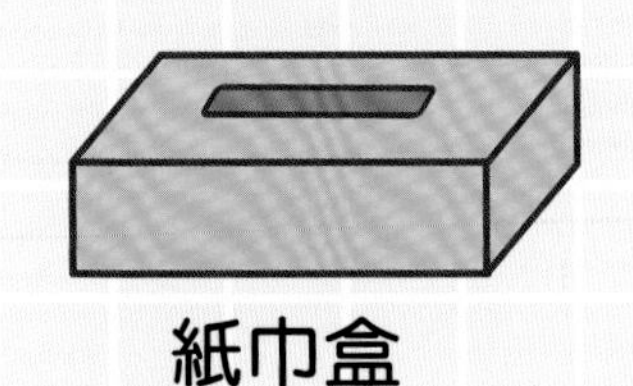

紙巾盒

雪條棒10根

剪刀

膠紙

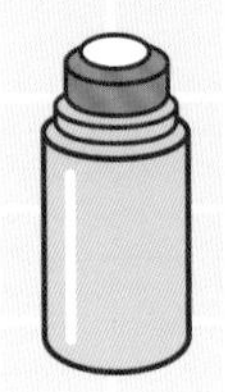

膠水

步驟

① 按下圖把盒蓋的斜線部分全塊剪去。

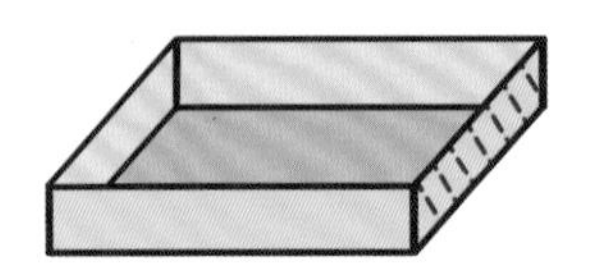

② 沿虛線剪開。

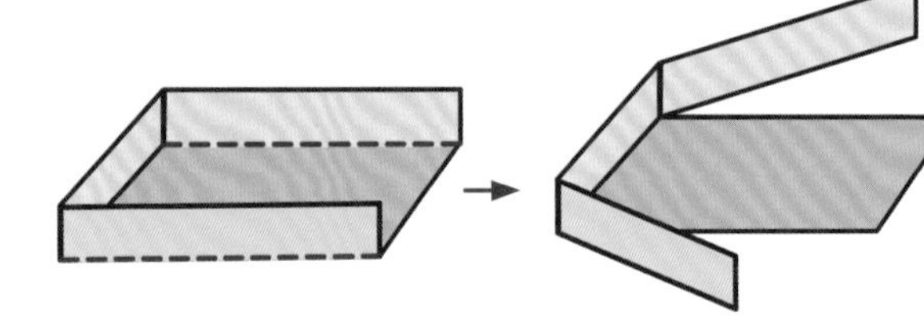

③ 將 a 與 b 連 接，c 與 d 連 接。做 成 一 個 斜 面，用膠紙貼好。

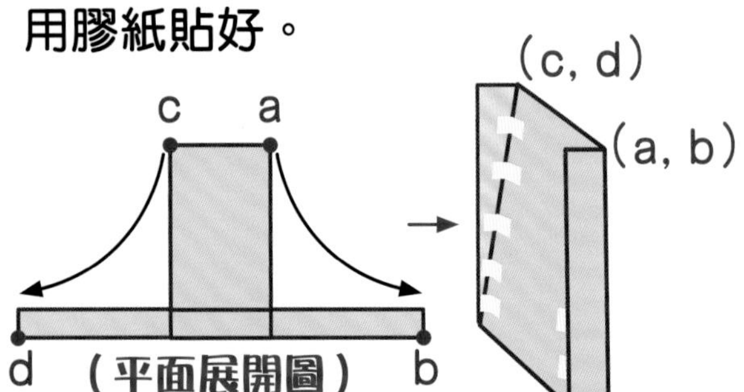

④ 在斜面上貼上斜放的雪條棒。

完成！

雪條棒一端對準紙巾盒的開口。

盒蓋放在紙巾盒上，用膠紙貼好。

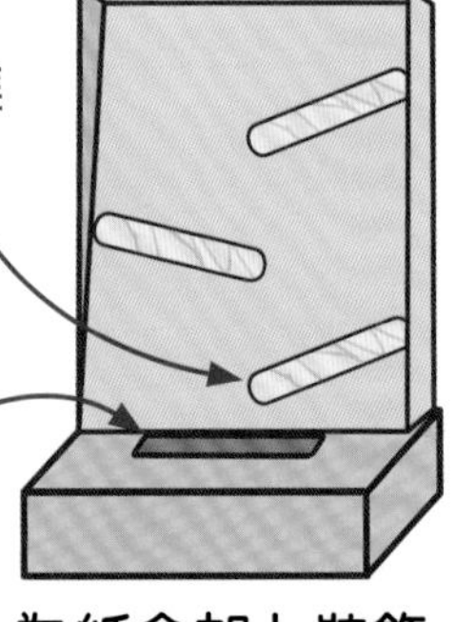

☆ 你們可以發揮創意，為紙盒加上裝飾。

你的斜坡錢箱可以運送硬幣嗎？

① 把硬幣由最高處放下，它可以沿着雪條棒溜到紙巾盒裏嗎？

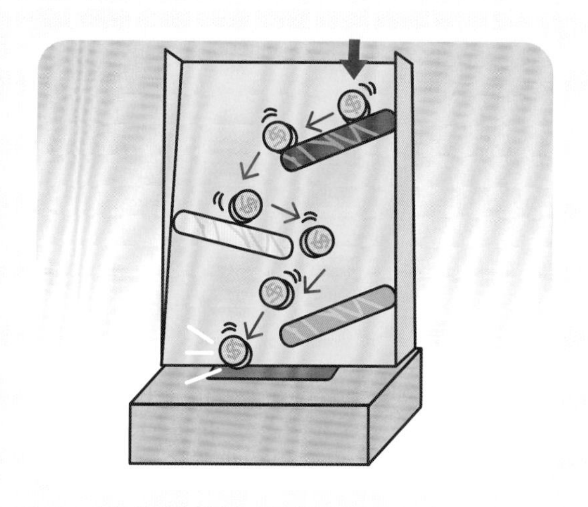

② 硬幣有不同大小和重量，滾動速度也有分別，它們都可以被送進紙巾盒，而不掉下來嗎？

如果硬幣在中途掉下，
就要調整雪條棒的斜度
和位置了。

小改良大改造

怎樣令這錢箱更方便，並防止硬幣掉下呢？一起來改良吧！

① 加貼圍欄，比後方的雪條棒稍為凸出，防止硬幣掉下。

圍欄

令硬幣在欄內滑動

② 頂部貼上小紙盒，變成投幣處。

③ 紙巾盒底做一個開合蓋，方便提取盒中的硬幣。

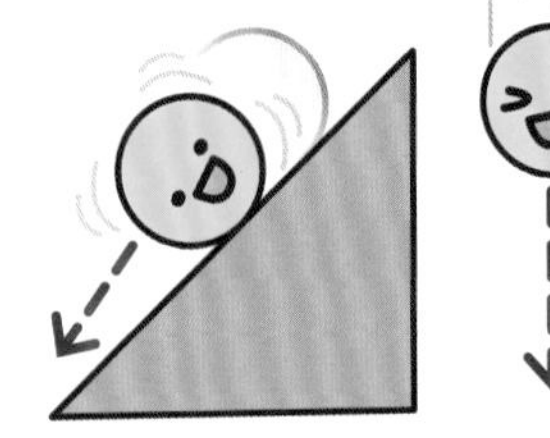

科學大解構

為什麼硬幣會沿着斜面滑動？

地球上所有物體都受地心吸力影響而被牽引向下方。如果物體放在平面上，會靜止不動，但如果放在斜面上，便會開始向下滑動。

斜面的傾斜角度越大，物體落下的速度就越快。物體垂直向下時，掉下的速度最快。所以斜坡紙箱中的雪條棒，要設置在一個可以讓硬幣滑動得最快，但又不會中途掉下的傾斜角度。

小問題考考你

有些人踏單車上斜路時，是用S字形來前進的，這樣會較省力。你知道為什麼嗎？

測試結果及答案可參閱第71頁「答案欄」。

製作難易度：☆☆☆

活動 9

機械臂

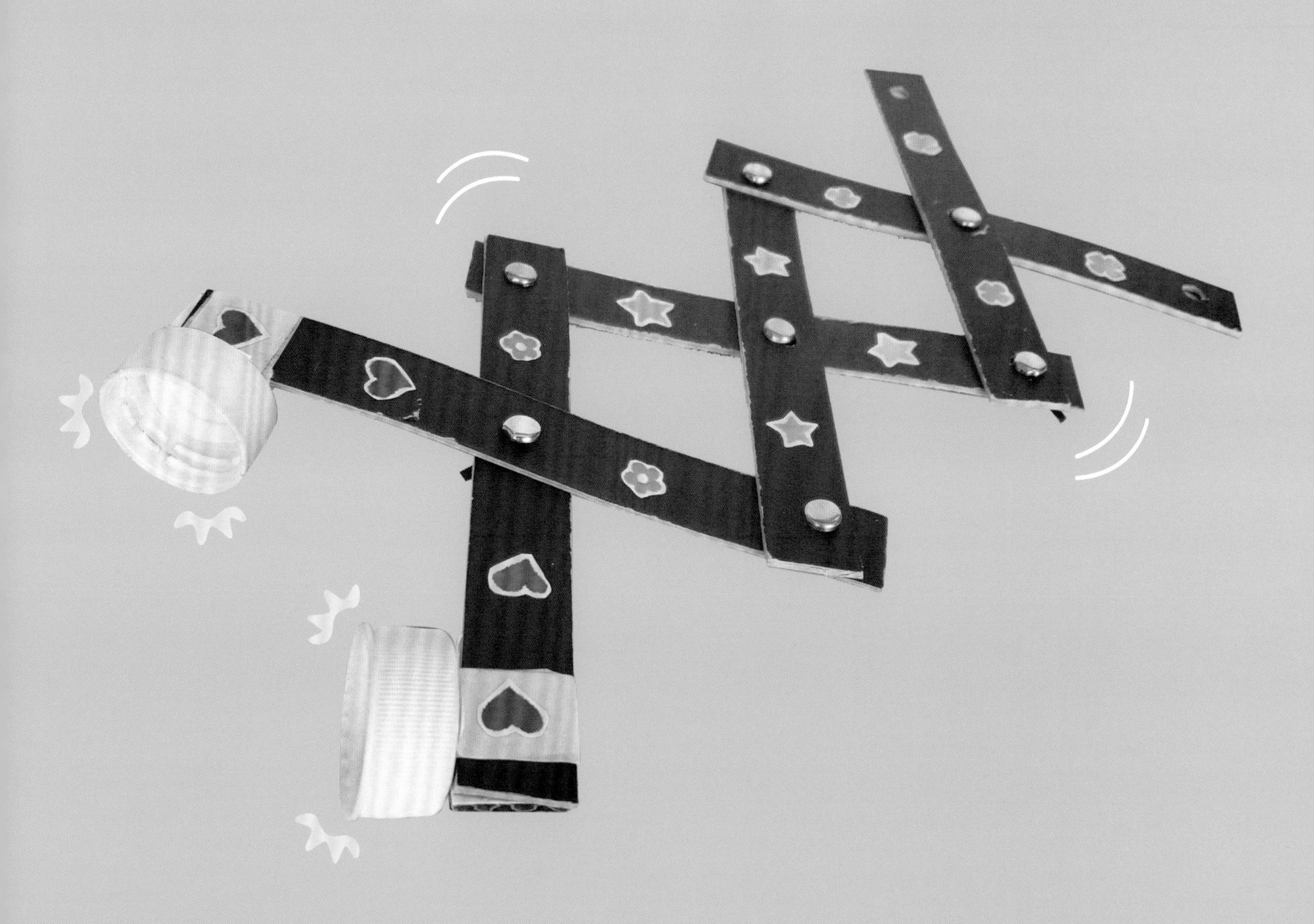

你們試過在書架取書時，因為書本放得太高，即使把手伸得多長也碰不到書嗎？你們有幻想過，怎樣可以將雙手變長嗎？只要懂得運用工具，這個就不再是幻想了。我們一起來製作一個會伸縮的機械臂吧！

生活科學漫畫

萬能機械臂

呀，羽毛球卡到樹上了……
連脆脆豆那麼高，也無法把球取回來啊……
怎麼辦？

哈哈，讓我來解決你們的煩惱吧！
這聲音……是西蘭花博士！
是時候讓你們知道，機械工具怎樣為我們帶來方便了。
嘩！博士變成機械人了！

我是西蘭花機械人，讓你們看看我的機械臂有多厲害吧！
好呀！

好緊張啊……

看我的厲害！
機械臂伸長吧！
嘩！

西蘭花機械人！你的機械臂可以借給我們嗎？

不如我來教你們製造自己的機械臂吧！

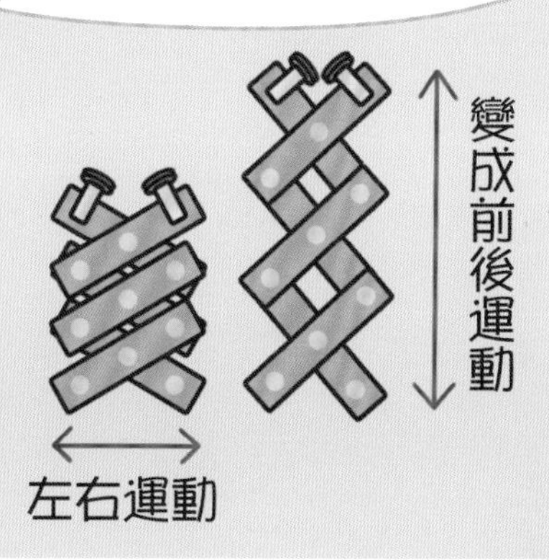
機械臂是一種叫連桿的工具，可以將手柄的左右運動，改變成手臂的前後運動。
變成前後運動
左右運動

我們來製作機械臂吧！
好呀……

一小時後……

不知道他們的製作是否順利？又會用機械臂來做什麼呢……

我們製作了伸縮球網！
用機械臂來猜拳，很好玩！
這樣太過大材小用了吧！

一起製作機械臂吧！

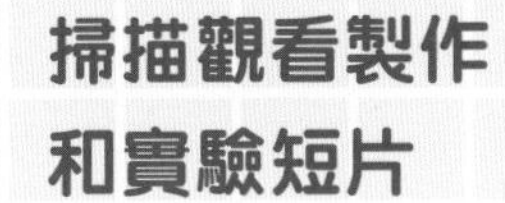

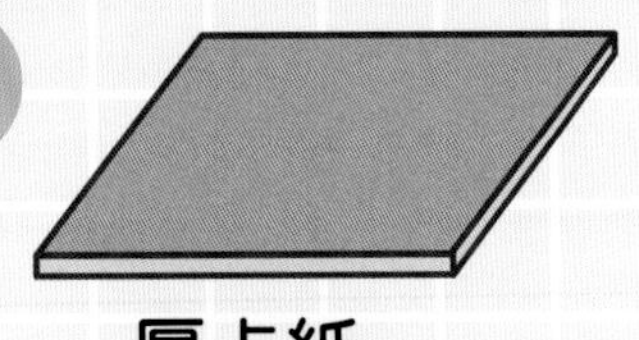

厚卡紙
（約2毫米厚）

打孔器

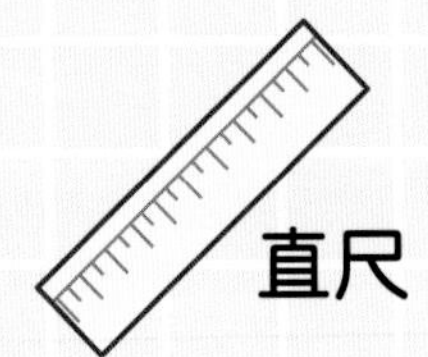

直尺

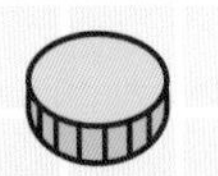

兩腳釘7個

膠樽蓋2個

膠紙 / 膠水

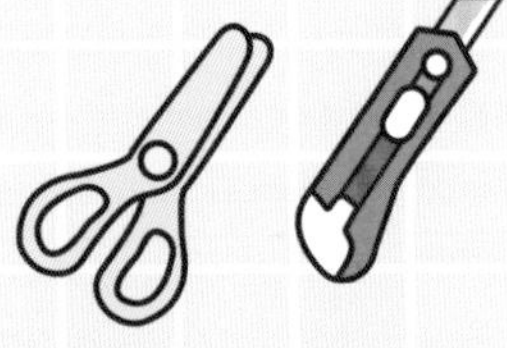

剪刀 / 美工刀

步驟

①

把厚卡紙裁切成6條長條，
並在兩端和中間位置打孔。

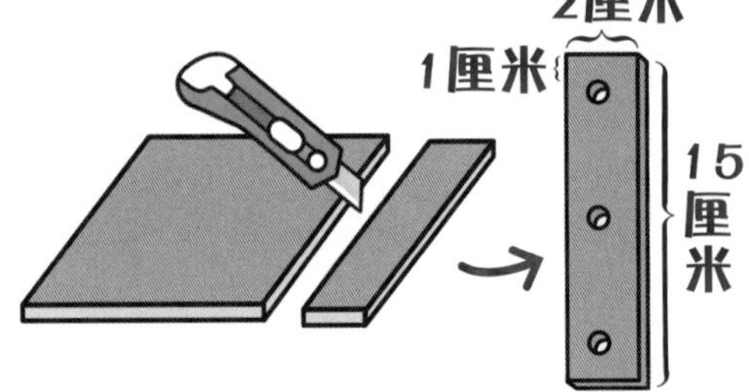

⚠ 厚卡紙的裁切和打孔要用較大的氣力，請家長代為處理。

②

把紙條如上圖交叉疊好，並用兩腳釘把◯位置連起來。

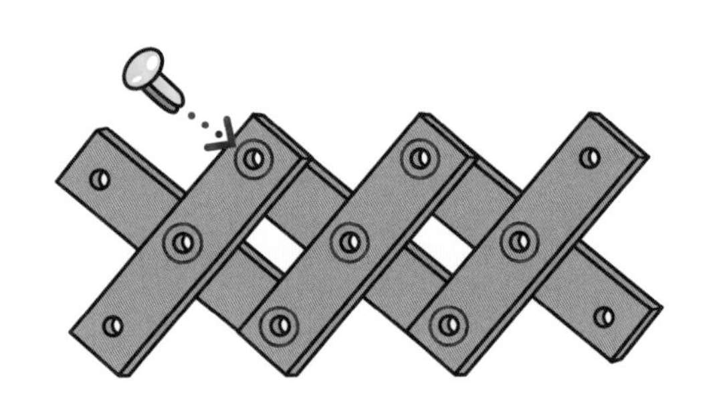

⚠ 兩腳釘的腳分開後，可用膠紙封好，以免割傷手指。

在2條紙條的前端分
別用膠紙貼上樽蓋。

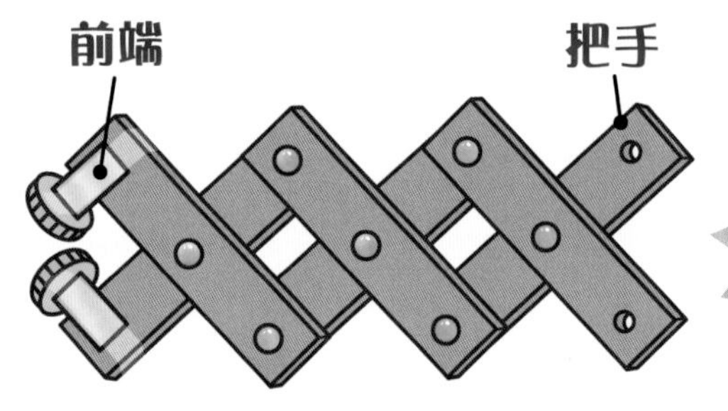

看看你的機械臂有多厲害吧！

① 雙手握着把手，往中間合起來，看看前端可以伸到多長。

② 你可以用機械臂夾起哪些物件呢？

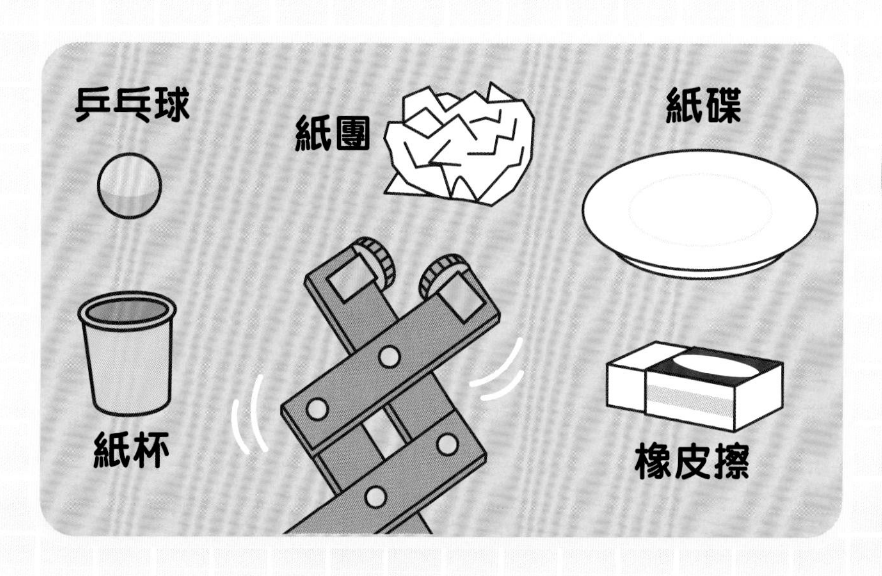

乒乓球
紙團
紙碟
紙杯
橡皮擦

如果有物件是機械臂夾不到的，就發揮創意改良機械臂，或試用其他角度來夾吧！

小改良 大改造

試把各部件改用其他物料，令機械臂變得更好用！

① 加上手柄（鐵環或膠圈），令操作更容易。

② 支架使用有孔的雪條棒或塑膠條，令結構更加堅固。

③ 增加支架數目來增加長度。

④ 前端改為海綿，較容易夾起重物。

科學大解構

為什麼機械臂可以伸長縮短？

機械臂是一種叫連桿的工具，可以透過機械組件來傳遞或改變運動方向。

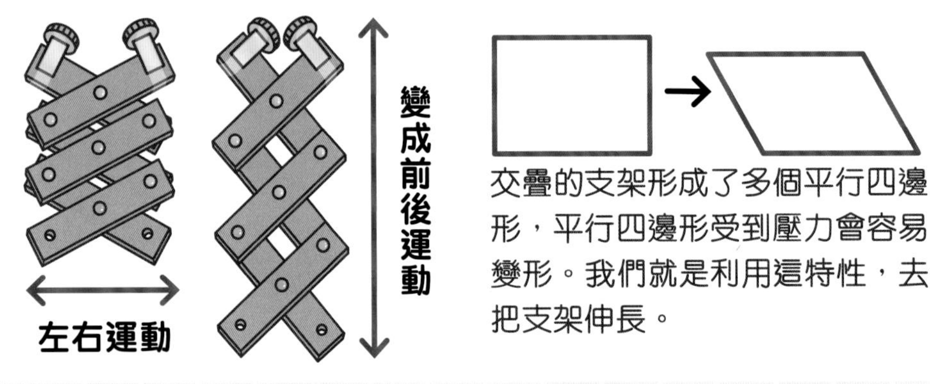

交疊的支架形成了多個平行四邊形，平行四邊形受到壓力會容易變形。我們就是利用這特性，去把支架伸長。

小問題考考你

日常生活中還有哪件工具，是利用平行四邊形的特性，來改變長度或形狀的呢？

測試結果及答案可參閱第71頁「答案欄」。

製作難易度：☆☆☆

活動 10

投石器

大家在一些電影或動畫片中，有見過投石器這種古代攻城武器嗎？投石器只靠一根長長的桿子，竟然可以把沉重的大石頭投擲得又高又遠！

這個厲害的工具，原來構造非常簡單，我們就來動手製作一個小型投石器吧！

生活科學漫畫
攻城記
古代的某一天，跳跳豆和博士豆騎馬車來到火火城……
火火城
火火城主，我們已在城外！快開城門！
不行！我是不會開城門的！
火火城主不肯開城門，我們怎麼辦？
難道我們要攻城進去？
我知道有一種叫「投石器」的攻城工具，但我不懂得製造。
我知道附近住了一位叫西蘭花博士的智者，我們去請教他吧！

西蘭花博士，請你教我們製造投石器。
見你們這麼有誠意，我就教你們吧。

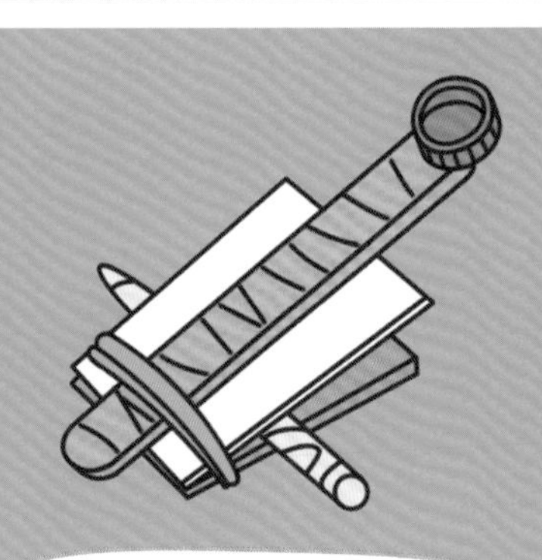
投石器是一種叫槓桿的工具，也是攻城武器，利用橡皮筋的彈性來把物件投擲到遠方。

測試開始！
噗！
射程很近。
別放棄，再改良吧！
改良後，射程增加了！
成功！
呼！
我們建造一個大型投石器，前往火火城吧！
但是，我要勸告你們……
投石器是武器，你們用來攻城，會造成破壞的……
啊！你誤會了。
我們只是負責送外賣食物到火火城。
什麼？
但火火城主誤會了，不肯開城門，所以我們要設法把食物投進去。
我們利用大型投石器把食物投進城裏吧！
原來你們是來送食物進城的，太感激你們了！
世界和平真好。
一起製作投石器吧！

動手做

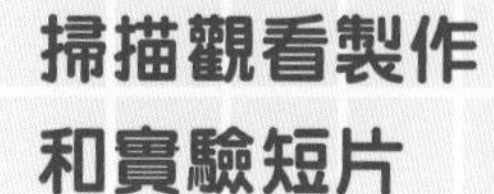

掃描觀看製作和實驗短片

材料

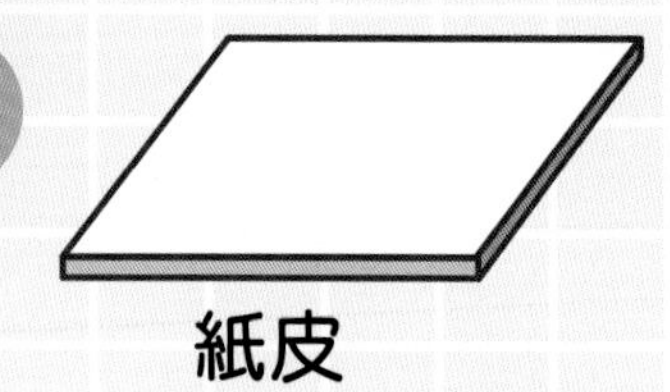

紙皮

雪條棒

即棄木筷子

膠樽蓋

橡皮筋

乒乓球

剪刀

膠水

步驟

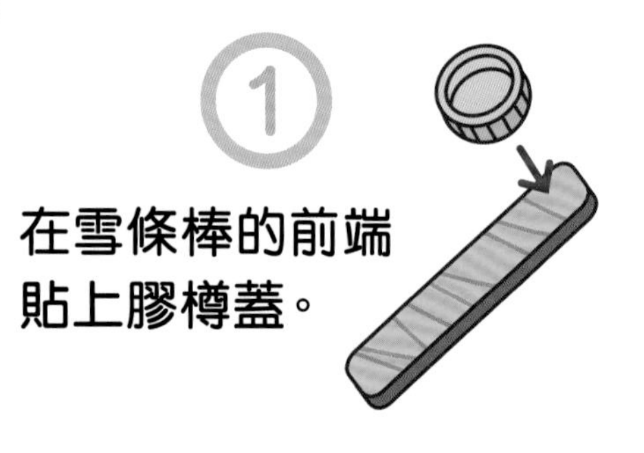

① 在雪條棒的前端貼上膠樽蓋。

② 剪出2張小紙皮，其中1張貼上雪條棒。

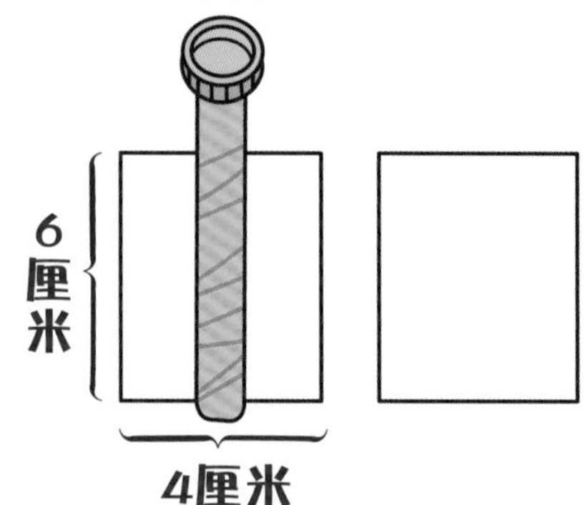

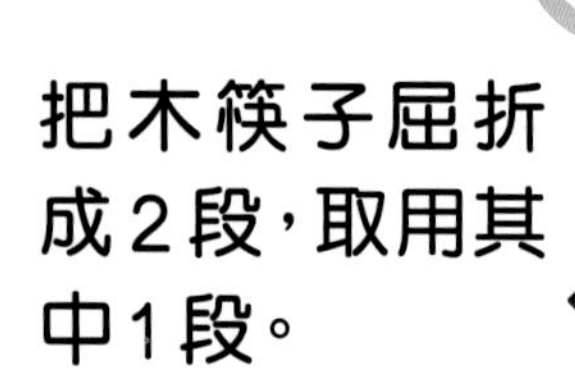

③ 把木筷子屈折成2段，取用其中1段。

⚠ 屈折木筷子要用較大的氣力，請找家長代為處理。

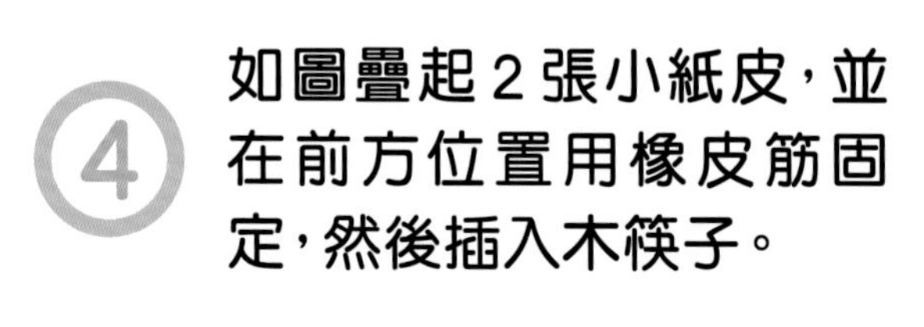

④ 如圖疊起2張小紙皮，並在前方位置用橡皮筋固定，然後插入木筷子。

完成！

看看你的投石器有多厲害吧！

① 固定木筷子兩端，然後在膠樽蓋放上乒乓球，並把雪條棒向下按。放手後，雪條棒能否彈回原來位置，並把乒乓球擲出呢？

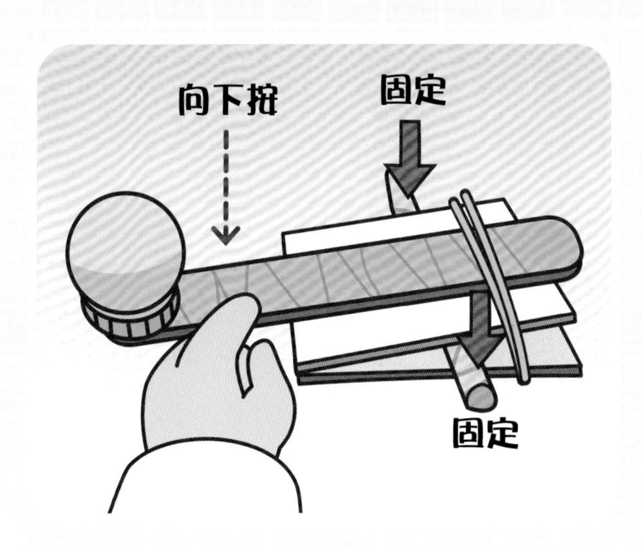

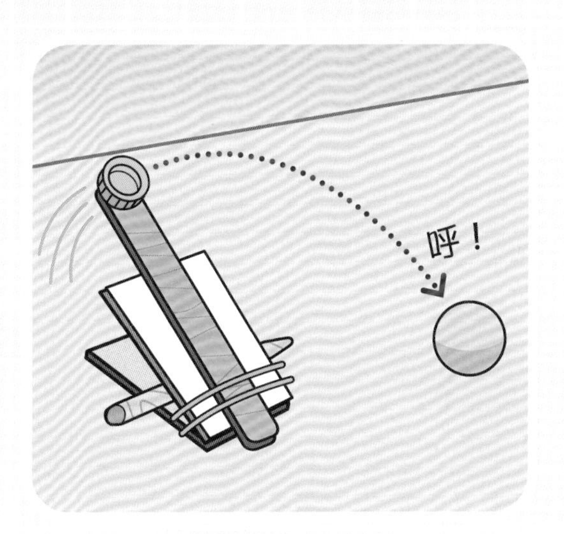

② 在前方每隔一段距離，擺放一個紙杯，看看乒乓球可以被擲得多遠，進入哪個紙杯。

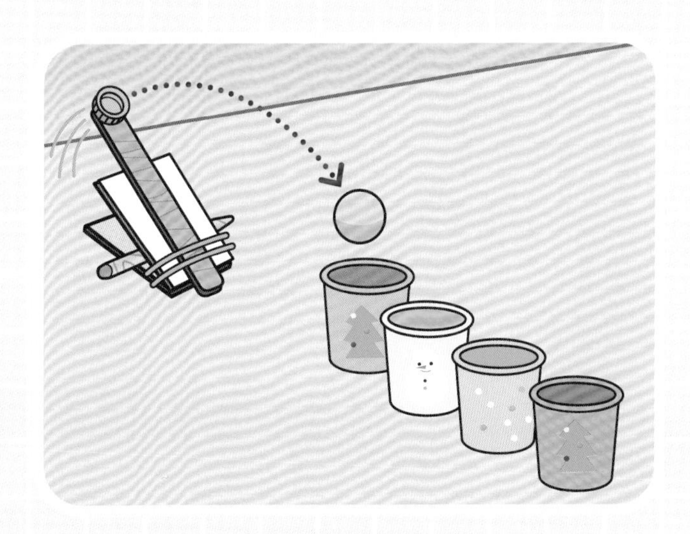

小改良 大改造

試以其他方式組合投石器，改良後的投石器的發射力度和角度都會有分別。

① 如下圖裁切小紙皮，並貼上雪條棒。把紙皮對摺，並在左右兩端用橡皮筋固定。

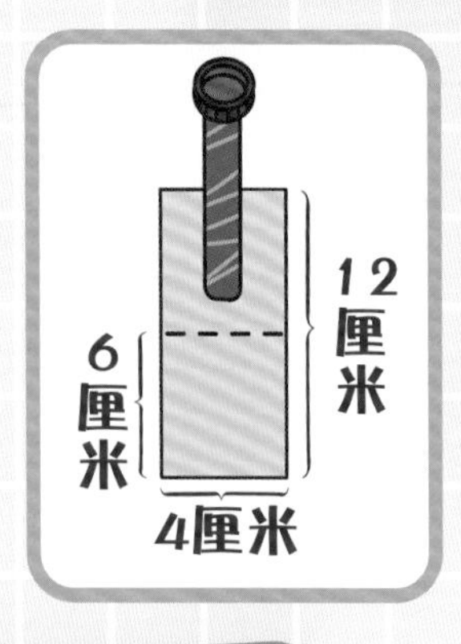

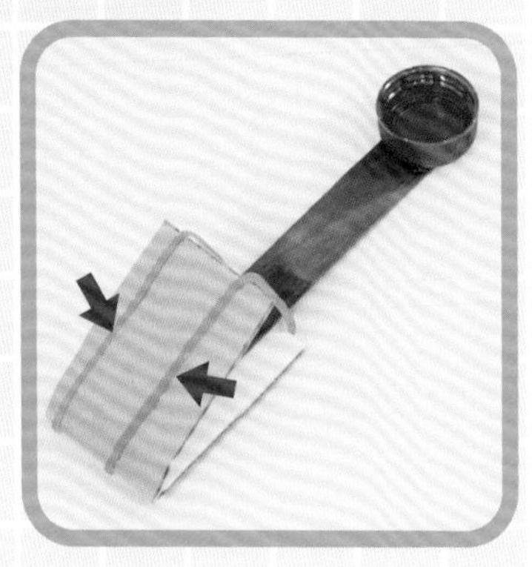

② 左手固定下半部，右手把上半部拉後放平，並放上乒乓球。

右手放手後，乒乓球便會射出。

科學大解構

投石器怎樣把物件投擲得更遠？

投石器是一種槓桿，利用橡皮筋的彈性，產生能量令雪條棒快速移動，並把上面的物件拋遠。投石器構造中每一部分都會影響投擲距離，例如木筷子的位置：

Ⓐ 放在中間，物件拋得較近。

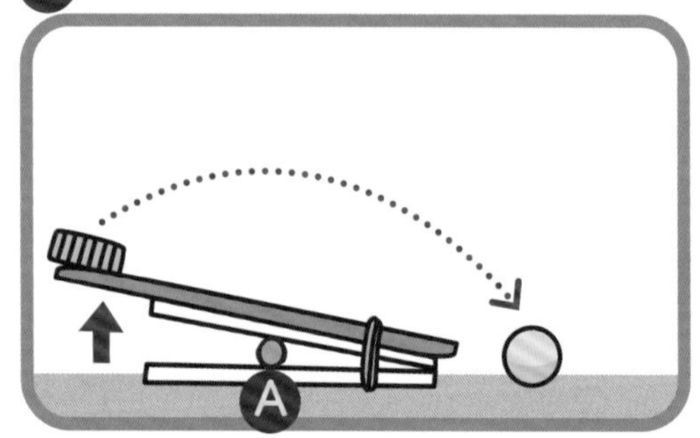

Ⓑ 放在較邊緣，物件拋得較遠。

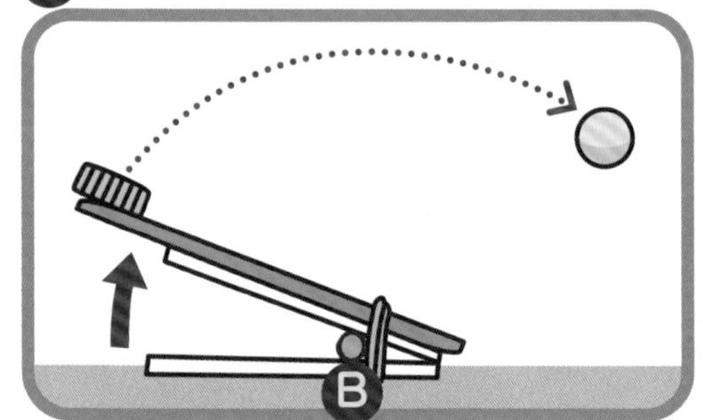

小問題考考你

投石器是古代一種省力的槓桿。你知道現代還有什麼槓桿工具嗎？

測試結果及答案可參閱第71頁「答案欄」。

活動8 斜坡錢箱

測試結果

把雪條棒放得越斜，上面硬幣滾動的速度就會越快，也越容易掉下。較大的硬幣因為較重，滾下時雪條棒未必能承載得到，所以需要加上圍欄，防止硬幣被拋出來。

小問題考考你

人們踩單車上斜路時，打橫以S字形行走，斜度會比直線前進較低，所以較省力。但打橫走的時候大家要留意後方有沒有車正在靠上來，以免發生相撞意外。

活動9 機械臂

測試結果

紙條的交叉形式連結，數目越多，機械臂伸直時就變得越長。但如果太長，前方就會變得太重，難以操控。

小問題考考你

利用平行四邊形的特性來改變長度或形狀的工具有：門口的鐵閘、消防員的升降台等。

活動10 投石器

測試結果

如果把投石器換上拉力較強的橡皮筋，射出乒乓球的力度和速度會越大。如果換上較長的雪條棒，投擲的距離會較遠；但如果雪條棒太長或太重，橡皮筋的彈力會不足夠去驅動它移動。

小問題考考你

用來省力的槓桿工具有：開罐器、指甲鉗、打孔器、鉗子等。

小跳豆STEAM

親子科學實驗 ② 聲音、力、機械

作　　者：新雅編輯室
封　　面：李成宇
責任編輯：黃楚雨
漫　　畫：RaraRin
美術設計：李成宇
出　　版：新雅文化事業有限公司
香港英皇道499號北角工業大廈18樓
電話：(852) 2138 7998
傳真：(852) 2597 4003
網址：http://www.sunya.com.hk
電郵：marketing@sunya.com.hk
發　　行：香港聯合書刊物流有限公司
香港荃灣德士古道220-248號荃灣工業中心16樓
電話：(852) 2150 2100
傳真：(852) 2407 3062
電郵：info@suplogistics.com.hk
印　　刷：中華商務彩色印刷有限公司
香港新界大埔汀麗路36號
版　　次：二〇二三年十二月初版

ISBN: 978-962-08-8293-7

18/F, North Point Industrial Building, 499 King's Road, Hong Kong
Published in Hong Kong SAR, China
Printed in China

以下照片來自shutterstock（www.shutterstock.com）：
P.6 樂器；P.18 醫生看診；P.26 搖搖板；P.52 機械人